高等学校电子信息学科系列教材

C 语言程序设计

——实验与案例

主　编　周信东

副主编　帅剑平　侯杏娜　陈辉金

西安电子科技大学出版社

内 容 简 介

本书紧密配合教材内容，兼容了大部分C语言程序设计教材的章节编排顺序，可供实践教学和上机选用。书中设计的实验内容涵盖了C程序的开发环境、数据类型与表达式、控制结构、数组与字符串、函数、指针、结构体和共用体、位运算、文件操作等。全书包含14个C语言基础实验和5个典型综合案例，提供了近100个实验题目，旨在提高读者分析问题、解决问题、程序实现的能力。

本书从初学者的角度出发，循序渐进地组织和安排实验内容，具有突出重点、化解难点、注重编程能力的培养等特点。书中主要介绍了Visual C++环境下的实验和调试方法，附录中还介绍了跨平台软件Code::Block的使用，方便读者在其它平台上进行实验。此外，还给出了C语言常用库函数、常见错误信息等内容，方便读者在实验过程中查阅要应用的函数或解决调试错误中遇到的问题。

本书具有基础性、实用性、系统性，适合作为高等院校“C语言程序设计”课程的实验教材，也可供报考计算机等级考试者和其他自学者参考。

图书在版编目(CIP)数据

C语言程序设计：实验与案例/周信东主编. — 西安：西安电子科技大学出版社，2018.8(2021.1重印)
ISBN 978-7-5606-5048-7

Ⅰ. ①C… Ⅱ. ①周… Ⅲ. ①C语言—程序设计 Ⅳ. ①TP312.8

中国版本图书馆CIP数据核字(2018)第174776号

策划编辑 陈 婷
责任编辑 胡 婷 陈 婷
出版发行 西安电子科技大学出版社(西安市太白南路2号)
电 话 (029)88242885 88201467 邮 编 710071
网 址 www.xduph.com 电子邮箱 xdupfxb001@163.com
经 销 新华书店
印刷单位 咸阳华盛印务有限责任公司
版 次 2018年8月第1版 2021年1月第4次印刷
开 本 787毫米×1092毫米 1/16 印 张 11.5
字 数 271千字
印 数 10 001～13 000册
定 价 26.00元
ISBN 978-7-5606-5048-7 / TP

XDUP 5350001-4

前　言

C语言是一种通用的、模块化的编程语言，由于它具有高效、灵活、功能丰富、表达力强和可移植性好等特点，因此被广泛应用于系统软件和应用软件的开发之中，深受程序员的青睐。“C语言程序设计”始终是高等学校的一门基本的计算机课程，也是众多青年学生跨入“程序设计”殿堂的首选语言。然而，由于C语言涉及面广、内容丰富、使用灵活，要学好它并不容易。C语言程序设计是一门实践性很强的课程，不仅要学习基本概念、方法、语法规则，更重要的是要进行大量的上机实践，只有通过大量实践体验，积累编程经验，才能真正提高程序设计的能力。作者结合多年来的教学实践经验和体会，编写了本书作为课程配套的实验教程，以指导学生上机实践。

本书分为三大部分：C语言上机指导、C语言实验安排、典型程序设计案例分析。本书强调实用性、系统性，因此对三大部分内容的编排有如下考虑。

(1) 内容全面、系统，适用于高校C语言程序课程实验教学。本书在实验内容选取上包含了C语言的数据描述、程序控制结构、数组、字符处理、函数、指针、结构体和联合体等基本内容，还包含了位运算、文件等提高内容，这些内容分布在14个实验中，教师可根据教学需要每次选用1～2个实验内容安排。本书针对“C语言程序设计”这门课程的主要内容安排了比较全面、系统的实验项目，有助于读者全面认识和掌握C语言；在内容安排上由易到难、由浅入深，有利于实验的渐进实施和重要内容的消化掌握；在编排顺序上尽量与大部分高校C语言程序设计教材的章节编排顺序保持一致，适合作为“C语言程序设计”的配套实训教程。

(2) 从初学者的角度出发，循序渐进组织、安排内容，突出重点，化解难点，注重编程思维的培养。本书通过上机指导、实验安排、典型案例分析三大部分，使读者先了解和熟悉实验上机环境，然后经过实验项目训练，再发展到分析应用复杂程序设计。所有基础实验，均包含了实验目的和要求、知识要点、实验案例、实验内容和课外练习五部分内容。“实验目的和要求”明确规定了实验的目标和要求；“知识要点”对实验涉及的基本知识和常用算法等进行阐述；“实验案例”给出知识点的应用例程，并对例程进行问题分析，提出编程思路并给出源程序代码、运行结果，供教师上课时讲解分析，也帮助读者能更好地理解所学的知识；“实验内容”部分为安排的课内实验项目，这些题目又分为基础题、增强题和提高题三类，供不同学习层次的读者选作，也为教师布置实验内容增加了选择的余地；“课外练习”的题为难度较大的题目，供编程能力较强的读者课外选作。

(3) 突出实用性，提高程序分析和调试能力。学好 C 语言的前提是加强上机实践，解决实际问题，掌握一些实用技术。本书在实验中穿插安排了 VC++环境下的 C 语言程序设计排错和调试技术，在前几个实验中安排了大量的程序改错题目，目的是通过改错题的练习，让读者掌握排查程序错误的方法和程序的调试技巧，提高读者分析问题、解决问题的能力，同时通过调试程序更深层次地了解程序的运行过程，进一步理解 C 语言各种语句的用法及其语法规则和常用算法。

(4) 注重编程练习，提高综合编程能力。本书从实验一开始到实验十四的“综合程序设计”，由浅入深逐步安排了编程题练习，始终将编程作为 C 语言实验的主要学习目标，同时拓展了 C 语言程序设计的一些常用算法。在数组、函数、指针、结构体和联合体等实验中引入了常用排序算法，在位运算和文件实验中引入了简单加/解密算法，实验十四安排了难度较大的综合练习题目，并在本书第三部分安排了 5 个典型的应用案例及其分析，相当数量的编程训练和典型应用程序分析有利于拓展读者思路，提高读者综合编程的能力，最终学会用 C 语言编制程序解决实际问题。

此外，在附录中安排了跨平台软件 Code::Block 上机指南，让读者可以在不兼容 VC++的系统下安装使用；安排了常见错误处理及常见函数库，方便读者在做实验过程中遇到问题时查阅。

本书凝集着桂林电子科技大学多位从事 C 语言程序设计实验教学老师的辛勤汗水，书中介绍的实验方法都是由几位老师从多年的实践教学中总结提炼得来的，绝大多数实验题目都经过了实践验证。本书第 2.1、第 2.7～2.10 节及 3.3 节由帅剑平编写；第 2.2～2.6 节及 3.2 节由侯杏娜编写；第 2.11～2.14 节及第 3.1、3.4 节由周信东编写；第一部分及附录资料的收集和整理由陈辉金完成；全书由周信东统稿。

本书具有基础性、实用性、系统性，同时充分考虑了和其它教材内容的兼容性，适合作为高等院校“C 语言程序设计”课程的实验指导书，也可以作为读者学习 C 语言的参考资料。

由于作者水平有限，加上写作时间仓促，不当之处在所难免，恳请读者批评、指正。

编　者

2018 年 6 月于桂林电子科技大学

目　录

第一部分　C 语言上机指导

1.1　在 Visual C++ 环境下运行 C 语言程序

1.1.1　Visual C++ 6.0 概述

Visual C++ 是 Microsoft 公司推出的基于 Windows 平台的可视化编程环境，它不仅提供控制台应用程序供用户学习和运行标准 C 程序，而且提供“可视”的资源编辑器与 MFC 类以及应用程序向导，为快速、高效开发 Windows 应用程序提供了极大的方便。此外，利用 Visual C++还可进行 Internet、数据库及多媒体等多方面的程序开发。由于其功能强大、具有良好的界面和可操作性，被用户广泛应用。2000 年以后，微软全面转向 .NET 平台，Visual C++ 6.0 成为支持标准 C/C++ 规范的最后版本。

Visual C++ 6.0 分为标准版、专业版和企业版 3 种，其基本功能是相同的。下面以企业版为编程环境，对如何在 Visual C++ 环境下调试和运行标准 C 程序进行简单的介绍。

1.1.2　进入 Visual C++ 工作环境

1. 建立个人文件夹

第一次上机时先在本地盘(如 E：盘)上建立一个以自己学号命名的文件夹，如：1800340136，然后按以下步骤进行操作。

2. 启动 Visual C++ 6.0

双击 Windows 桌面上的 Visual C++ 6.0 图标或单击 Windows 桌面上的“开始”按钮，在“程序”中选择“Microsoft Visual C++ 6.0”运行即可。

1.1.3　编辑、编译、运行标准 C 程序

上机操作的整个过程如图 1-1 所示。

1. 创建一个新的工程文件(Project file)

(1) 在 Visual C++ 的主菜单中单击“文件”菜单，在下拉菜单中选择“新建”命令，屏幕上出现一个“新建”对话框，在该对话框中选择“工程”标签，出现“工程”对话框。创建新的工程文件如图 1-2 所示。

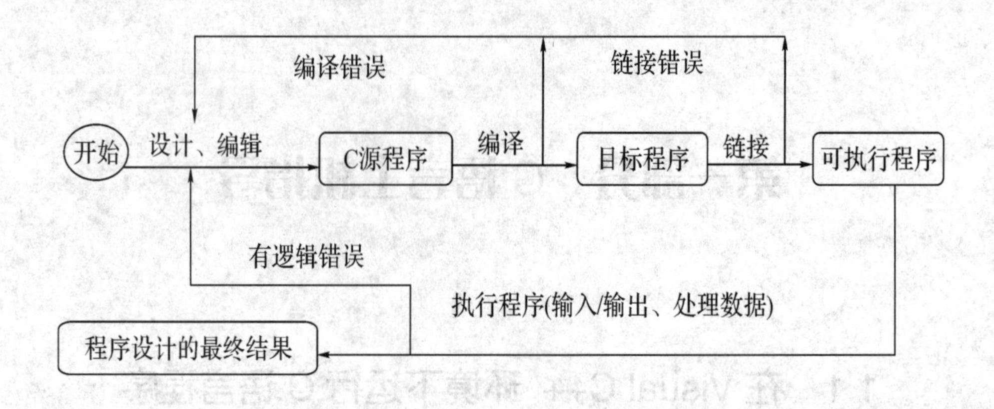

图 1-1　一个 C 程序的上机过程

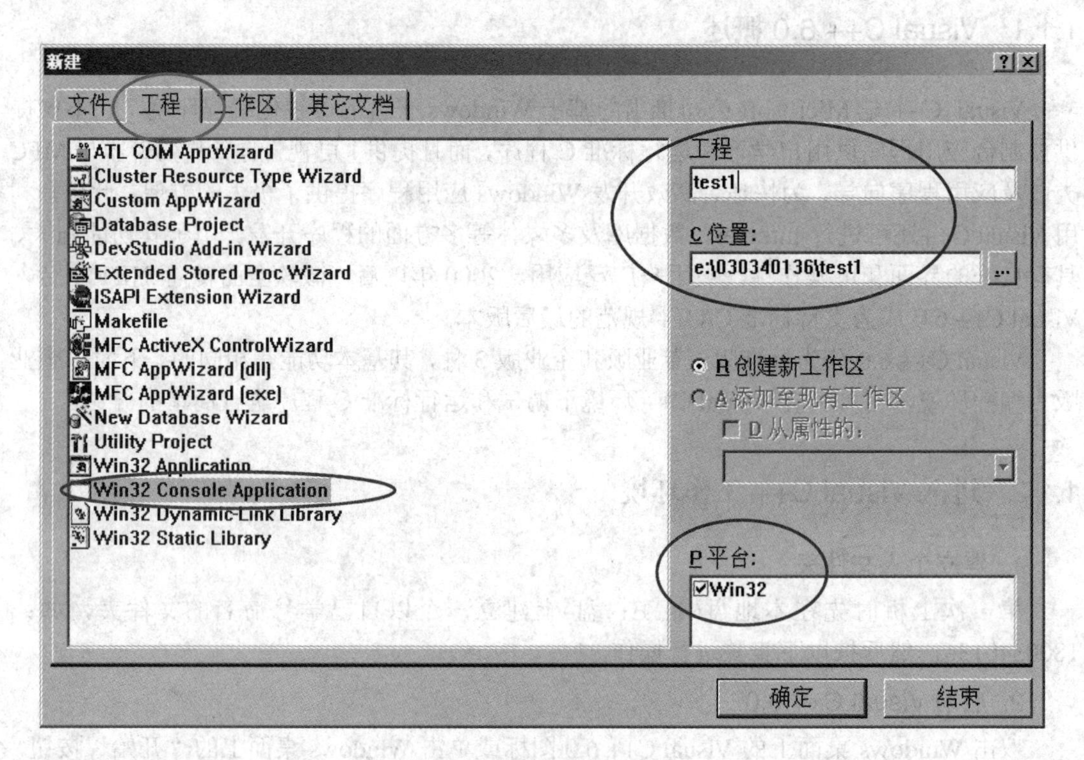

图 1-2　创建新的工程文件

(2) 选择工程类型为 **"Win32 Console Application"**，这时，在右边的"平台"选框中就会出现 Win 32。

(3) 输入工程名字。在"工程"选框中输入所指定的工程文件名字，例如：test1。

(4) 输入路径名。在"位置"选框中，输入你将要把所建立的工程文件放入何处的路径名。例如，要将工程文件放在 E：盘下已建立好的子目录 e:\1800340136 中，则该选取的路径为：e:\1800340136\test1。选择"确定"按钮，该工程文件已建立。

(5) 在出现的"Win32 Console Application"对话框中选择"An empty project"，建立一个空的工程文件，并点击"完成"按钮。界面如图 1-3 所示。

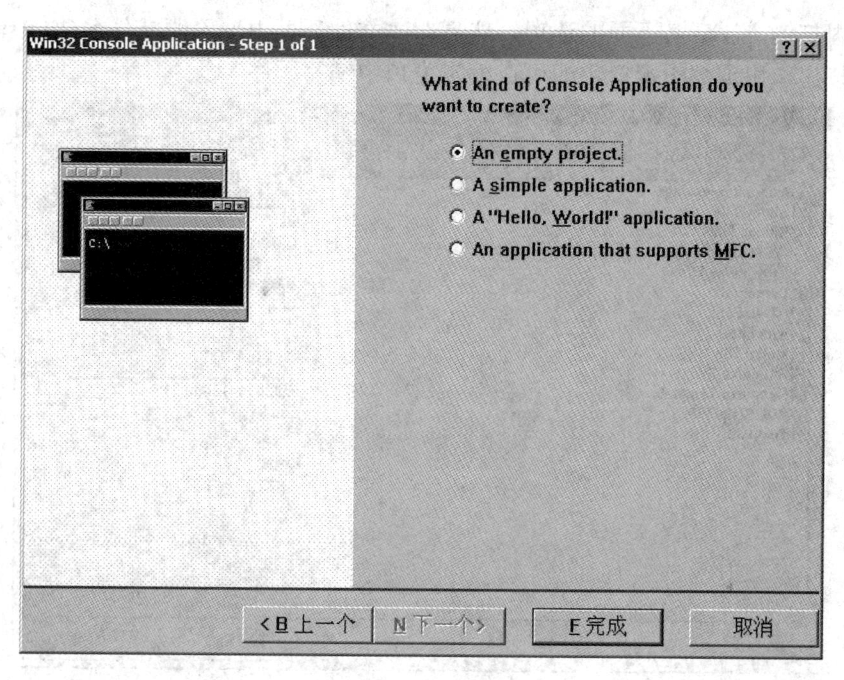

图 1-3　建立空工程

(6) 系统弹出“新建工程信息”对话框，如图 1-4 所示。点击“确定”按钮，即可完成工程的创建。

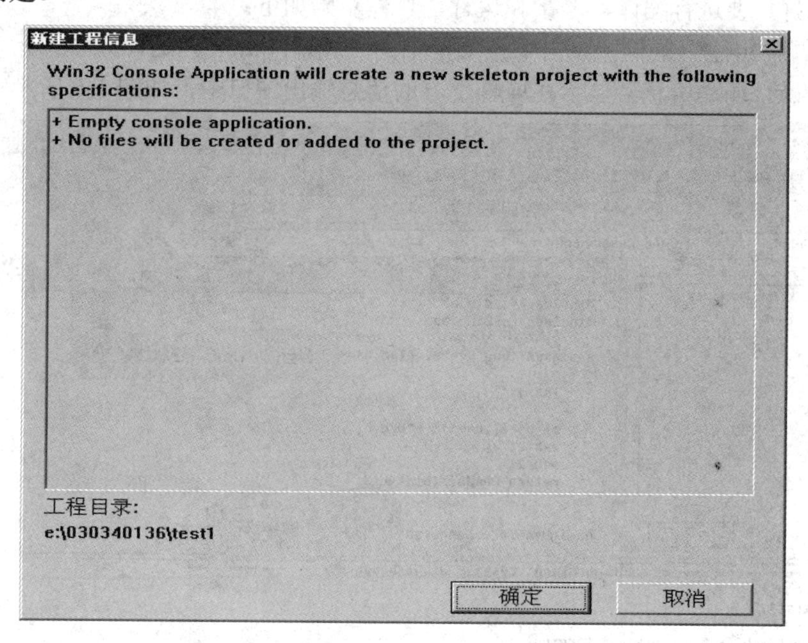

图 1-4　确认工程信息

2. 建立源文件(Source file)

选择“文件”菜单中的“新建”选项，出现如图 1-5 所示的对话框，在 4 个标签中选择“文件”标签，在其中的对话框选项中，选择 **“C++ Source File”** 并在右边“添加工程”

的选择框内打钩，激活其下面的选项，然后在“文件”框内输入源文件名(如 1st.c)，单击“确定”按钮，出现编辑窗口，即可在编辑窗口中编写程序。

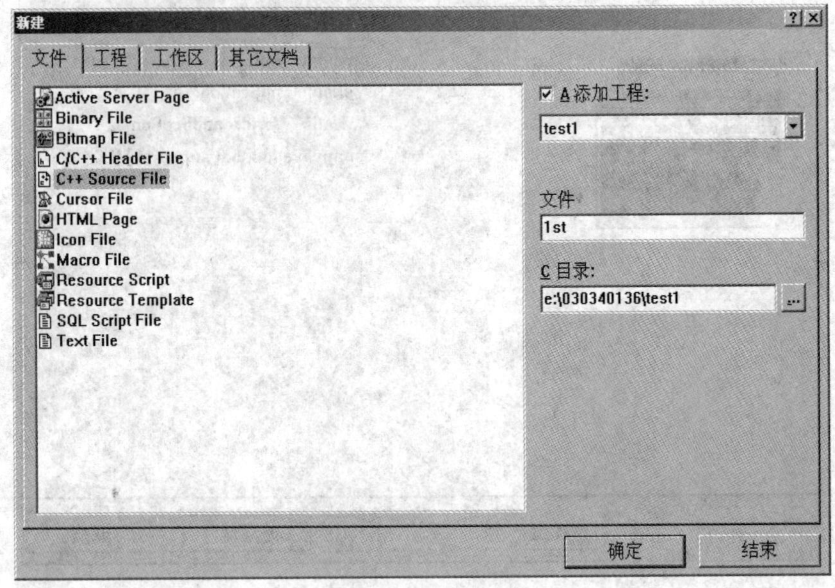

图 1-5　新建源文件

3. 编译链接和运行源程序

程序编好后要进行编译、链接和运行，具体步骤如下：

(1) 选择“组建”菜单，单击下拉菜单中的“编译**[1st.c]**”，这时系统开始对当前的源程序进行编译，编译信息会显示在屏幕下方的信息输出窗口中，如图 1-6 所示。

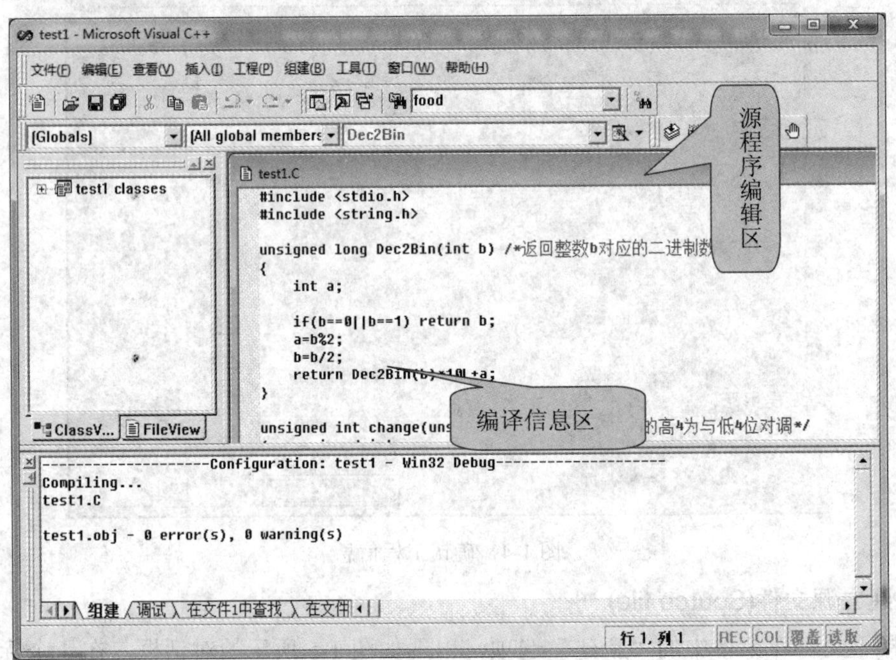

图 1-6　编辑、编译源文件

编译信息的最后一行显示类似“test1.obj - 0 error(s)，0 warning(s)”的信息。若“error(s)”前的数字为0，表示程序编译没有错误，否则表示存在错误，须根据错误提示修改程序中的错误后再重新编译。如重新编译后还有错误，再继续修改、编译，直到没有错误为止。

信息输出窗口中的编译错误提示信息行在“test1.obj - 1 error(s)，0 warning(s)”语句之前显示，可用鼠标点击信息输出窗口的滚动条往前查找。

错误信息提示行显示如：

e:\030340136\test1\1st.c(37) : error C2143: syntax error : missing ';' before 'if'

信息行是由冒号(:)分隔的多个“节”构成的，第一节括号中的数字表示错误所在程序中的行号，可双击本错误信息行由系统自动在源程序中定位错误行(在代码编辑窗口错误行前会出现 ➡ 图形指示)；最后一节的内容即为该行的错误提示信息，根据提示信息(可参照本书附录“常见错误信息对照表”)修改源程序中对应的错误即可。

(2) 编译无误后进行链接，这时选择“组建”菜单中的“组建**[test1.exe]**”选项。同样要对出现的错误要进行更改，直到编译链接无错为止。这时，在“组建”窗口中会显示如下信息：test1.obj- 0 error(s)，0 warning(s)(如图1-7所示)，说明编译链接成功，并生成和工程文件名同名的可执行文件test1.exe。

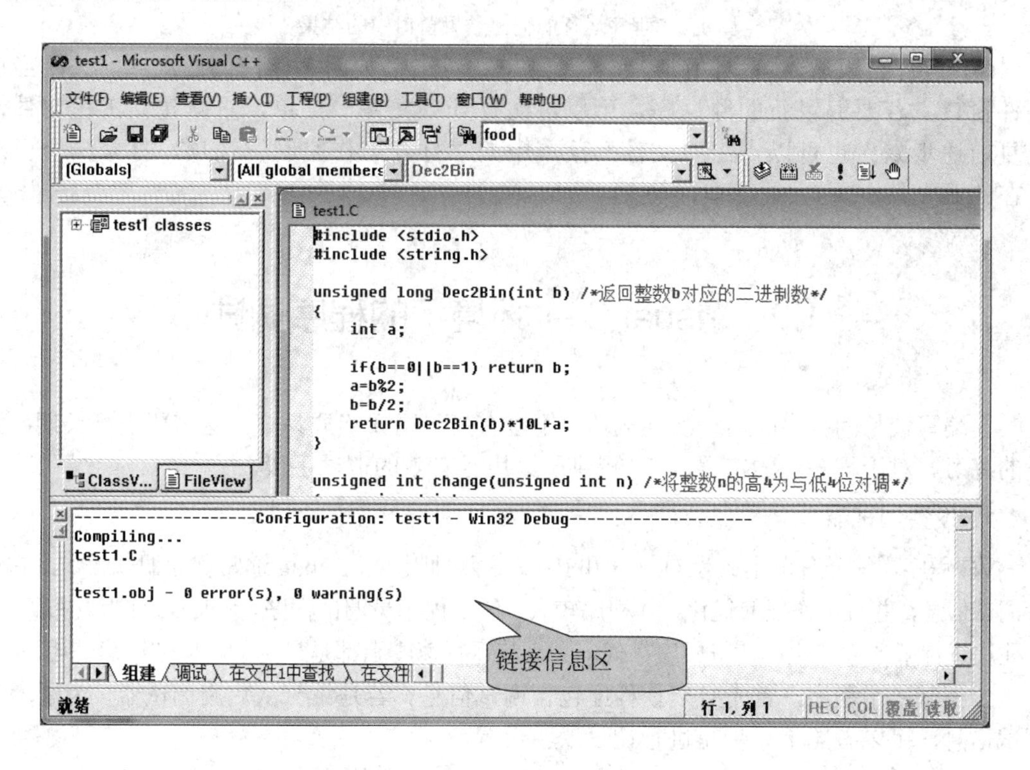

图1-7　编译链接

(3) 运行程序，选择“组建”菜单中的“！执行 **[test1.exe]**”选项。这时会出现一个“MS-DOS”窗口，输出结果显示在该窗口中，如图1-8所示。

图 1-8　程序运行的输出结果窗口中的结果

(4) 运行结束后，可以回到“文件”菜单，点击“关闭工作空间”选项，关闭当前文件窗口。若要编辑新的源程序，可以再次打开“文件”菜单，重新建立工程文件，重复前述步骤；也可以点击“文件”菜单中的“打开工作空间”选项，打开一个已经存在的源文件。

1.2　Visual C++ 环境下的程序调试

在编写较长的程序时，一次性成功而不含有任何错误绝非易事，这需要进行长期、大量的练习。对于程序中的错误，VC 提供了易用且有效的调试手段。

1. 设置调试器

VC 程序在编译时可生成为 Debug 和 Release 两种版本。Debug 通常称为调试版本，它包含调试信息，并且不作任何优化，体积比较大，便于程序员调试程序。Release 称为发布版本，它往往进行了各种优化，使得程序在代码大小和运行速度上都是最优的，以便用户使用。

要调试一个程序，首先必须使程序包含调试信息。若是第一次启用调试器，为了增加调试信息，可以按照下述步骤进行调试器的设置。

(1) 通过 IDE 菜单“Project(工程)|Settings(设置)”或直接按 Alt+F7 快捷键打开 Project Settings 对话框。

(2) 选择 C/C++ 页，在“Category(分类)”中选择“General(常规)”，则会出现一个“Debug Info(工程选项)”列表框，可供选择的调试信息方式如表 1-1 所示。

表 1-1　VC 调试器选项设置

命令行	Project Settings	说　明
无	None	没有调试信息
/Zd	Line Numbers Only	目标文件或者可执行文件中只包含全局和导出符号以及代码行信息，不包含符号调试信息
/Z7	C 7.0- Compatible	目标文件或者可执行文件中包含行号和所有符号调试信息，包括变量名及类型、函数及原型等
/Zi	Program Database	创建一个程序库(PDB)，包括类型信息和符号调试信息
/ZI	Program Database for Edit and Continue	除了前面/Zi 的功能外，这个选项允许对代码进行调试过程中的修改和继续执行。这个选项同时使 #pragma 设置的优化功能无效

(3) 选择“Link(链接)”页，勾选复选框“Generate Debug Info(产生调试信息)”，这个选项将使链接器把调试信息写进可执行文件和 DLL。

如果 C/C++ 页中设置了 Program Database 以上的选项，则“Link incrementally(增量编译)”可以选择。若选中这个选项，程序则可以在上一次编译的基础上被编译，而不必每次都从头开始编译。

2. 修正语法错误

调试最初的任务主要是修正一些语法错误，这些错误包括以下 3 点。

(1) 未定义或不合法的标识符，如函数名、变量名和类名等。

(2) 编写的程序语句不合法，如使用的前后括号或引号不匹配、语句末尾缺省分号等。

(3) 数据类型或参数类型及个数不匹配。

对于这些语法错误，可对程序进行编译。若程序中存在上述错误，编译后会在信息输出窗口中列出所有错误项，根据系统提供的错误信息进行修改。

为了能快速定位到错误产生的源代码位置，VC 提供下列一些方法。

(1) 在信息输出窗口中双击某个错误，或将光标移到该错误处按 Enter 键，则该错误被高亮显示，状态栏上显示出错误内容并定位到相应的代码行中，且该代码行最前面有个蓝色箭头标志 ➡ 。

(2) 在信息输出窗口中的某个错误项上右击鼠标，在弹出的快捷菜单中选择“Go To Error/Tag(转到错误/标记)”命令。

(3) 按 F4 键可显示下一错误，并定位到相应的源代码行。

(4) 若将光标移到信息输出窗口中的错误编号上，按 F1 键可启动 MSDN 并显示出错误的内容，从而帮助用户理解错误产生的原因。

语法错误被修正并对程序重新编译和链接后，信息输出窗口中会出现类似“XXXX.exe - 0 error(s)，0 warning(s)”的提示信息，说明程序编译和链接已经通过。

3. 设置断点

程序编译和链接无误后，并不是此项目就完全没有错误，可能还存在“异常(Exception)”、

“断言(Assertion)”等其他错误，而这些错误在编译时是不会显示的，只有当程序运行后才会出现，此类错误需要通过调试程序来进行分析和修正。

设置断点是调试程序的常用手段，如图1-9所示。

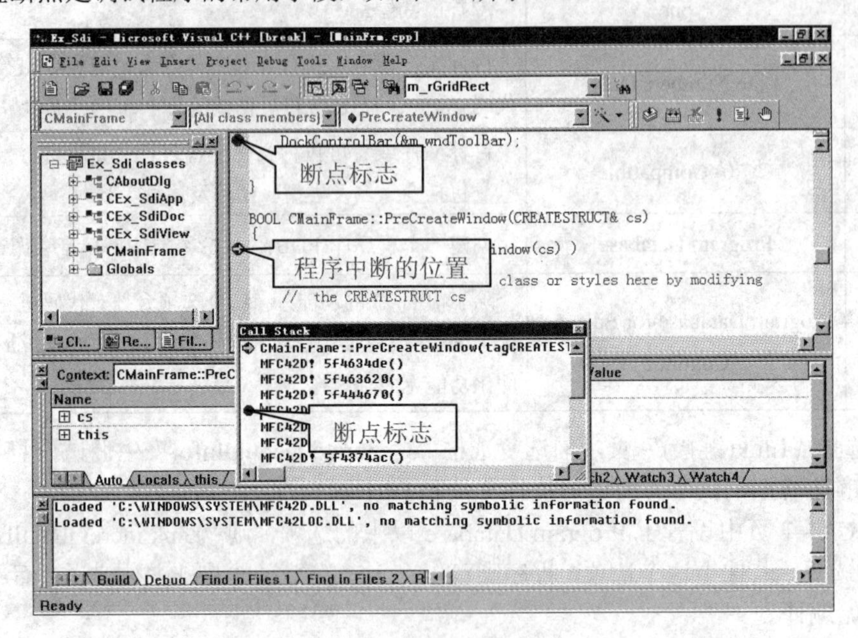

图1-9　设置的断点

调试的断点可以有下列类型：位置断点、数据断点、条件断点。

(1) 通过以下3种快捷方式可以设置位置断点。

① 先将光标定位在需要设置断点的程序行位置，再按快捷键F9。

② 先将光标定位在需要设置断点的程序行位置，再在Build工具栏上单击按钮。

③ 在需要设置断点的程序行位置右击，选择“Insert | Remove Breakpoint”命令。

(2) 通过IDE菜单“编辑|断点…”打开Breakpoints对话框，如图1-10所示，也可以设置断点。

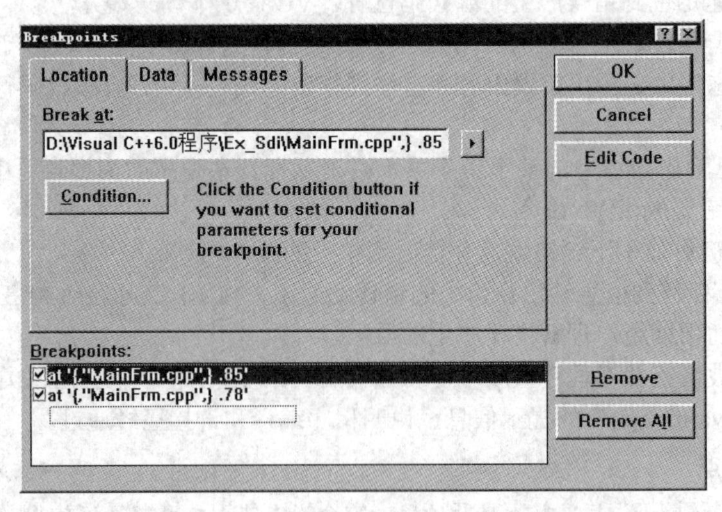

图1-10　“Breakpoints”对话框

① 凡是可以使用的断点前均有选中标记(√)。若单击前面的复选框，则该断点被禁止。用按钮[Remove]和[Remove All]分别可清除当前选中的断点或全部断点。

② 在 Location 页面的“Break at”文本框中输入断点的名称，单击[Edit Code]按钮可以查看断点位置处的源代码或目标代码，单击[Condition]按钮，可以输入程序运行中断所需要的表达式条件，从而设置一个条件断点。

③ 在 Data 页面中，VC 提供了一种设置数据断点的方法，如图 1-11 所示。在 Data 页面最上面的编译框中，可以键入任何有效的 C/C++ 表达式，它可以是赋值语句、条件语句或是单独的一个变量名。在程序运行过程中，若变量的值有所改变，或条件表达式变成真时，则程序在该断点处中断。

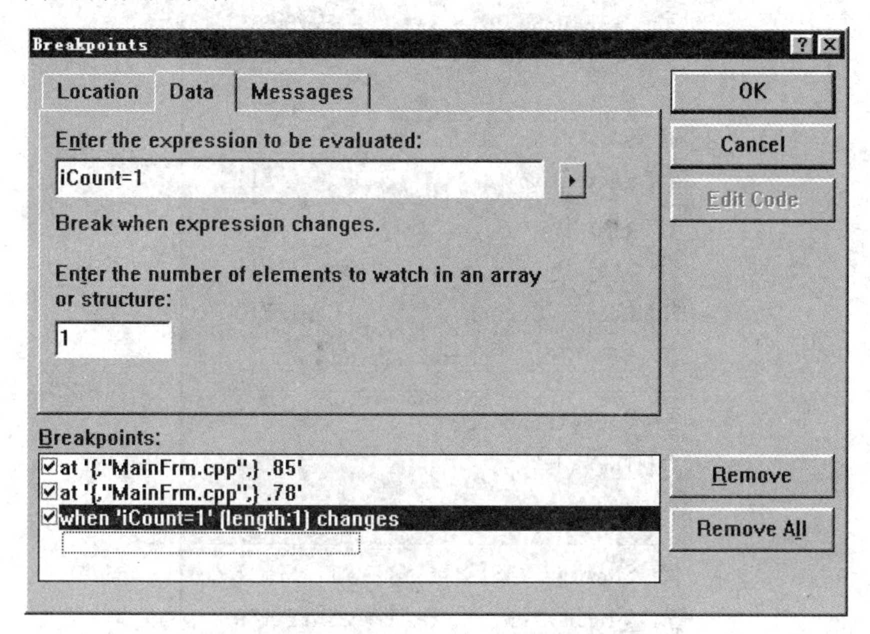

图 1-11　Data 页面

4. 启用调试器

选择“组建 | 开始调试”菜单的“Go”、“Step Into”或“Run to Cursor”命令可以启动调试器，进入调试(Debug)状态。

5. 控制程序运行

当程序开始在调试状态下运行时，程序会由于断点而停顿下来。这时可以看到有一个小箭头指向即将执行的代码。而且，原来的“组建(Build)”菜单就会变成“调试(Debug)”菜单，如图 1-12 所示。

Debug 菜单中有 4 条命令 Step Into、Step Over、Step Out 和 Run to Cursor 是用来控制程序运行的，其含义分别是：

(1) Step Into：运行当前箭头指向的语句。如果当前箭头所指的语句中包含函数调用，则进入该函数内部进行单步执行函数中的语句。

(2) Step Over：运行当前箭头指向的语句。此命令只运行当前箭头指向的一条语句，即使语句中包含函数调用，也不进入该函数内部进行单步执行，而是直接返回函数的执行结果。

(3) Step Out：如果当前箭头所指向的语句是在某一函数内，用它使程序运行至函数返回处。

(4) Run to Cursor：使程序运行至光标所在的代码行。

通过运用上述命令来控制程序的运行，可了解程序语句执行的顺序，也可通过观察(Watch)窗口观察程序执行过程中变量值的变化情况，从而判断程序的执行是否正确。

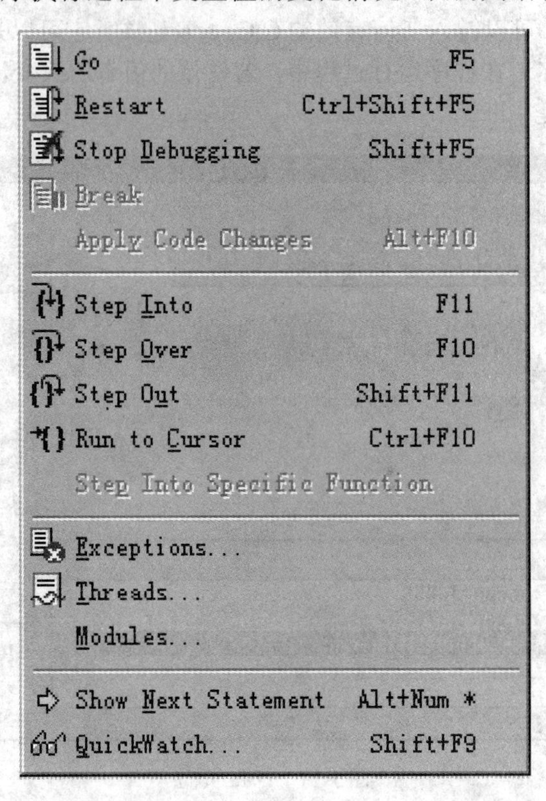

图 1-12 Debug 菜单

6. 查看和修改变量的值

调试器还提供一系列的窗口用来显示各种不同的调试信息。可借助“查看(View)”菜单下的“调试窗口(Debug Windows)”子菜单访问它们。当启动调试器后，VC 的开发环境会自动显示出 Watch 和 Variables 两个调试窗口，且信息输出窗口自动切换到调试(Debug)页面。

1) QuickWatch 窗口的使用

QuickWatch 窗口可以用来帮助用户快速查看或修改某个变量或表达式的值。若仅需要快速查看变量或表达式的值，只需要将鼠标指针直接放在该变量或表达式上，片刻后系统会自动弹出一个小窗口显示出该变量或表达式的值。

启动调试器后，选择“调试(Debug)|QuickWatch”或按快捷键 Shift+F9 即可调出 QuickWatch 窗口，如图 1-13 所示。

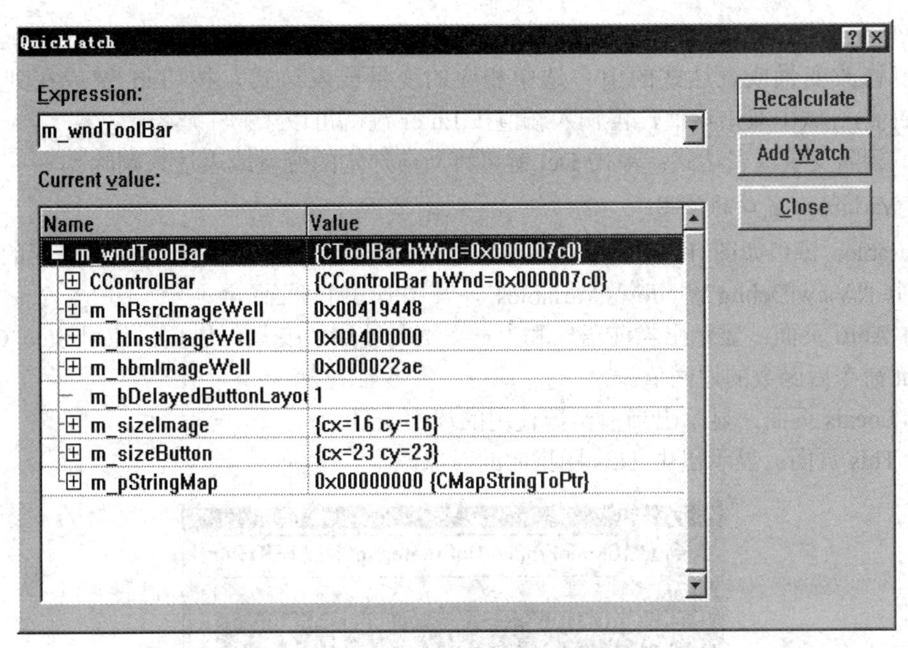

图 1-13　“QuickWatch”窗口

窗口中的“Expression(表达式)”框可以让用户键入变量名或表达式，而后按 Enter 键或单击“Recalculate(重置)”就可以在“Current value(当前值)”列表中显示出相应的值。若想要修改其值的大小，则可按 Tab 键或在列表项的“Value(值)”域中双击该值，再输入新值按 Enter 键就可以了。

单击“Add Watch(添加监视)”按钮可将刚才输入的变量名或表达式及其值显示在“Watch”窗口中。

2) Watch 窗口的使用

选择“View|Debug Windows|Watch”可打开 Watch 窗口，其中有 4 个页面：Watch1、Watch2、Watch3 和 Watch4，在每一个页面中有要查看的变量或表达式，可以将一组变量或表达式的值显示在同一个页面中。在使用 Watch 窗口进行操作时，要注意下面一些技巧：

(1) 添加新的变量或表达式：选定窗口中某个页面，在末尾的空框处，单击左边的“Name(名称)”域，输入变量或表达式，按 Enter 键。同时，又在末尾处出现新的空框，如图 1-14 所示。

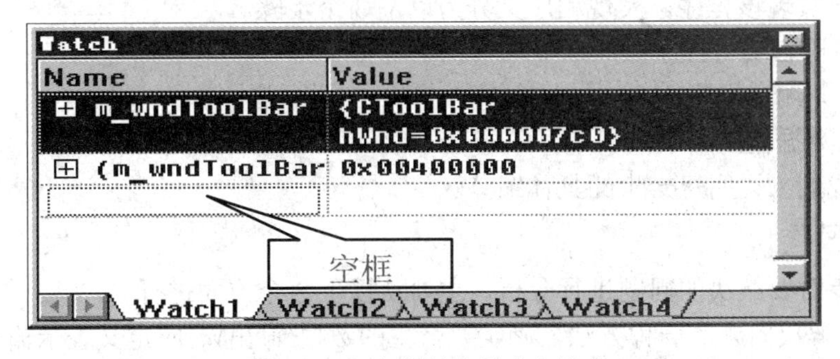

图 1-14　添加新的变量或表达式

在变量或表达式中右击，选择“Properties(属性)”查看其类型。

(2) 修改变量或表达式的值：选中相应的变量或表达式，按 Tab 键或在列表项的“Value(值)”域中双击该值，再输入新值按 Enter 键就可以了。

(3) 删除变量或表达式：单击 Del 键可将当前选定的变量或表达式删除。

3) Variables 窗口的使用

Variables 窗口如图 1-15 所示，通过它能快速访问程序当前的环境中所使用的重要变量。选择“View|Debug Windows|Variables”，其中有 3 个页面：

(1) Auto 页面：显示出当前语句和上一条语句使用的变量，还显示使用 Step Over 或 Step Out 命令后函数的返回值。

(2) Locals 页面：显示出当前函数使用的局部变量。

(3) This 页面：显示出由 This 所指向的对象。

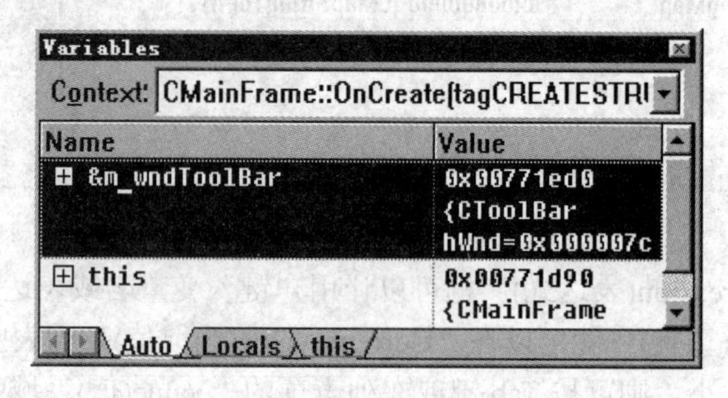

图 1-15 Variables 窗口

Variables 窗口还有一个“Context(上下文)”框，从下拉列表中可以选定当前 Call Stack 的指令，以确定在页面中显示变量的范围。

1.3 C 语言程序设计的基本步骤

程序设计方法包括 3 个基本步骤：

第一步：分析问题。

第二步：画出程序的基本轮廓流程图。

第三步：实现该程序。实现程序又分为以下 3 个步骤。

(1) 用 C 语言编写程序；

(2) 调试并测试程序；

(3) 提供数据输出结果。

下面，我们来说明每一步的具体细节。

1) 分析问题

在这一步对要解决的问题进行分析，主要从以下 3 个方面进行。

(1) 作为解决问题的一种方法，确定要产生的数据(输出)，应定义表示输出的变量。

(2) 确定需产生输出的数据(称为输入)，应定义表示输入的变量。

(3) 设计一种算法，从有限步的输入中获取输出。这种算法定义为结构化的顺序操作，以便在有限步内解决问题。就数字问题而言，这种算法包括获取输出的计算，但对非数字问题来说，这种算法包括许多文本和图像处理操作。

2) 画出程序的基本轮廓流程图

在这一步，将如何解决问题的步骤和顺序用程序流程图表示，画出程序的基本轮廓流程图。对一个简单的程序来说，通过列出程序顺序执行的动作，便可直接产生伪代码。然而，对复杂一些的程序，则需要将大致过程有条理地进行组织。对此，应使用自上而下的设计方法。

所谓自上而下的设计方法，就是设计程序是从程序的“顶部”开始，一直考虑到程序的“底部”。

当使用自上而下的设计方法时，需要把程序分割成几段来完成。列出每段要实现的任务后，程序的轮廓也就有了，称为主模块。当一项任务列在主模块时，仅用其名加以标识，并未指出该任务将如何完成。这方面的内容留给程序设计的下一阶段来讨论。将程序分为几项任务只是对程序的初步设计。要画出模块的轮廓，可不考虑细节。然后再将各个子模块进一步地细划。继续这一过程，直至说明程序的全部细节。

这一级一级的设计过程称为逐步求精法。在编写程序之前对程序进行逐步求精，是很好的程序设计实践，同时能养成良好的设计习惯。

3) 用C语言实现该程序

程序设计的最后一步是编写源程序，即把模块的伪代码翻译成C语言的语句。

源程序应包含注释方式的文件编制，以描述程序各个部分做何种工作。此外，源程序还应包含调试程序段，以测试程序的运行情况，并允许查找编程错误。一旦程序运行情况良好，可去掉调试程序段，然而，文件编制应作为源程序的固定部分保留下来，便于维护和修改。

1.4　程序设计风格

程序设计风格是指一个人编制程序时所表现出来的特点、习惯、逻辑或思路等。好的程序要求结构合理、清晰，不仅可以在机器上执行并给出正确的结果，而且要便于程序的调试和维护；大型程序设计，需要与他人共同协作完成，这就要求编写的程序不仅自己看得懂，也要让别人能看懂。

良好的编程风格使程序结构清晰，层次分明，使程序的阅读和修改更加方便。为此，采用良好的编程风格对初学者来说尤为重要。

程序的风格具体地表现为以下3个方面：程序逻辑、正文书写、输入输出。以下分别做具体介绍。

1. 程序逻辑

1) 程序的局部化和模块化

随着问题不断的复杂化和程序规模的不断扩大，程序中使用的变量数量也将增加，程序的流程将更复杂。这将会大大增加程序设计和阅读的困难程度。解决该问题的方法之一是使程序的一部分不过多地、过远地影响程序的其他部分。这就是程序设计的局部化准则。

程序的局部化包括了数据的局部化和处理的局部化。数据的局部化主要是指变量只在程序的局部使用，即在一个程序的一部分可以自由地命名变量，而不影响其他部分。

程序的局部化的最好实现方法是模块化的程序设计。C 语言用函数支持模块化程序设计。一个模块与其他模块只用参数和返回值进行通信，并且只在调用和返回时才起作用。

随着程序的模块化，每一个模块的规模缩小，但随着模块数量的增加，模块间的通信变得更加复杂化，如何组织模块的问题又突出起来。

实践证明，系统部门间最有效的组织形式是层次结构。层次结构要求与之适应的自顶向下、逐步细化的程序设计方法。这样不断向下层延伸、细化，直到把问题求解过程准确描述为止。

层次结构要求与之适应的自顶向下，逐步细化的程序设计方法。自顶向下要求设计者首先纵观全局，进行总的决策，确定最上层的模块(即主函数)。一般说来，上层模块不涉及问题的细节，只说明“做什么”，在 C 语言程序中用调用语句实现；细节由下层解决“怎么做”的问题。当然，“怎么做”中也包含相对于再下层的“做什么”。这样不断向下层延伸、细化，直到可以对问题求解过程准确描述为止。

2) 数据风格

① 数据类型和数据结构的使用要清晰，如有限制地使用指针等。

② 采用必要的符号常量。

3) 算法风格

① 算法要简洁、明了，少使用技巧。如 a = a+b; b = a-b; a = a-b; 完全可以用 temp = a; a = b; b = temp; 表示。

② 尽量避免使用多重循环嵌套或条件嵌套结构。

③ 充分利用库函数。

④ 要注意浮点运算的误差。

2. 正文风格

正文书写风格的核心是提高程序书面的可读性。一般包括如下几个方面：

1) 使用足够的注释

为了帮助阅读者理解程序，应当使用适当的注释。注释用来说明程序段，并不是每一行程序都要加注释，注释的主要内容有：

① 说明每个程序或模块的用途、功能。

② 说明模块的接口：调用形式、参数描述及从属模块的清单。

③ 变量的用途。

④ 数据描述：包括重要数据的名称、用途、限制、约束及其他信息。

⑤ 特殊数据结构的特点和实现方法。

⑥ 特殊技巧说明。

⑦ 任何容易误解或别人不容易看得懂的地方。

⑧ 程序的开发历史：包括设计者、审阅者姓名及日期，修改说明及日期。

2) 语句括号风格

使用右缩进书写格式，选择统一的语句括号(花括号)风格，可以突出结构的层次关系。

3) 标识符风格

① 按意取名的原则和较长的描述性名字命名对象(变量、函数、……)名。

② 同时采用驼峰式命名法或加下划线命名法，如：PrintEmployeePaychecks。

③ 最好能在名字中指出变量的类型，如：int nValue。

④ 函数的命名，最好采用动宾结构，如：void ResetCounter()。

⑤ 当程序中变量很多时，毫无规则地命名变量名，会造成程序中混乱。因此初学者从一开始就要注意培养自己的变量命名习惯。

4) 语句和表达式风格

① 使用冗余的圆括号使表达式易读。

② 在条件或循环结构中尽量避免采用“非”条件测试。

③ 尽量避免复杂条件测试。

④ 语句和表达式要清晰、易读。

3. 输入输出

① 输入操作步骤和输入格式简单、统一，容易核对。

② 应检查输入数据的合法性、有效性，对无效数据，也能给出必要的提示，而不导致死机。

③ 交互式输入时，输入时能给用户以提示，指明可使用的选择和边界值。

④ 对输出操作有必要的提示。

⑤ 输出数据表格化、图形化。

⑥ 输出格式应满足用户要求，符合使用意图。

⑦ 简化用户操作，减少用户出错处理。

第二部分 C语言实验安排

2.1 实验一 C语言的数据描述和上机环境

2.1.1 实验目的和要求

(1) 熟悉C语言程序开发环境(Visual C++)，掌握开发环境中的编辑、编译、链接和运行命令。

(2) 通过运行简单的程序，熟悉C语言的基本格式规范，并初步了解它的结构特点。

(3) 掌握C语言数据类型的概念，变量定义及赋值方法。

(4) 掌握简单的C语言程序的查错方法，理解编译错误信息的含义。

2.1.2 知识要点

1. 数据类型

数据类型是指数据的内在表现形式，不同类型的数据表现形式、合法的取值范围、占用内存的空间大小及可以参与的运算种类等方面有所不同。

C语言提供了丰富的数据类型，这些数据类型可以分为3大类，即基本类型、构造类型和其他类型。C语言的数据类型如图2-1所示。

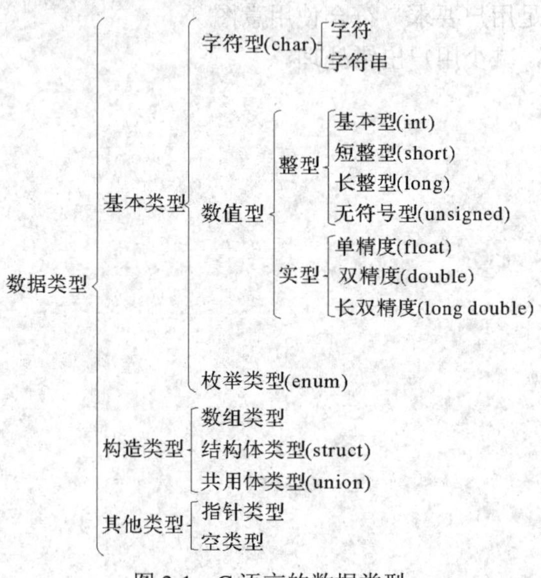

图2-1 C语言的数据类型

基本数据的数据类型符及其含义如表 2-1 所示。

表 2-1 基本数据类型符

数据类型	数据类型符	占用字节数	数值范围
整型	int	2 或者是 4	同短整型或长整型
短整型	short	2	$-2^{15}\sim2^{15}-1$
长整型	long	4	$-2^{31}\sim2^{31}-1$
无符号整型	unsigned	2 或者是 4	同无符号短整型或长整型
无符号短整型	unsigned short	2	$0\sim2^{16}-1$
无符号长整型	unsigned long	4	$0\sim2^{32}-1$
单精度实型	float	4	$-10^{38}\sim10^{38}$
双精度实型	double	8	$-10^{308}\sim10^{308}$
字符型	char	1	0～127

2. 标识符

(1) 在 C 语言中，合法的标识符由字母、下划线和数字组成，并且开头第 1 个字符必须为字母或下划线。如：Str、ab_c、_xy、_123 都是合法的标识符，而 1str、ab.c、xp/= 都不是合法的标识符。

(2) 在 C 语言中大写字母和小写字母被认为是两个不同的字符。如：STR 和 str 是两个不同的标识符。

(3) 在 C 语言中，用户标识符既要符合标识符的命名规则，同时不能和关键字同名。C 语言中关键字：

auto continue enum if short switch volatile
break default extern int signed typedef while
case do float long sizeof union char
double for register static unsigned const else
goto return struct void

3. 运算符

(1) C 语言中，各类运算符的优先级大致可分为：

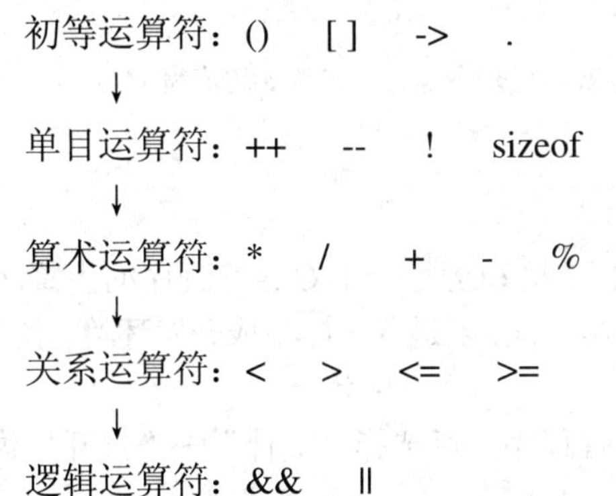

↓

条件运算符：?:

↓

赋值运算符：= *= /= += -= %= !=

↓

逗号运算符：,

以上的优先级别由上向下递减，初等运算符最高，逗号运算符最低。

用运算符把运算对象连接起来所组成的运算式称为“表达式”。

(2) 在C语言中，运算符的运算优先级共分16级，1级最高，16级最低。在有多个不同级别的运算符出现的表达式中，优先级较高的先于优先级较低的进行运算，如果在一个运算对象两侧的运算符优先级相等时，则按运算符的结合性所规定的结合方向处理。

(3) 运算符的结合性分为两种，即左结合性(自左至右)和右结合性(自右至左)。其中算术运算符的结合性是自左至右。如表达式“a+b-c”，运算时先执行“a+b”运算，然后再执行“-c”运算。最典型的右结合性运算符是赋值运算符。如“a=b=c”，由于“=”的右结合性，应先执行“b=c”运算。右结合性的运算符往往会引起一些错误，所以应特别注意。

4. 数据类型的转换

(1) 自动转换规则。

“就长不就短”规则：参加运算的各个数据都转换成数据长度最长的数据类型然后计算，结果值的类型就是数据长度最长的数据类型。

“就左不就右”规则：先将运算结果的数据类型自动转换为“=”左边变量的是数据类型，然后再赋予该变量。

(2) 强制性数据类型转换。

在C语言中，可以通过强制类型转换将表达式强制转换成指定的类型。

格式：

(类型名)表达式

例：

```
(float)4            /*将整型量 4 强制转换成单精度*/
(char)(24+45)       /*将表达式结果强制转换成字符*/
int a,b=13;
float c=4.2;
a=b%(int)c;         /*(int)c 将变量 c 的值转化为整数，再求余运作，最终 a 的值为 1*/
```

2.1.3 实验案例

【题目描述】 在VC6.0环境下编辑、编译、链接和运行一个C语言程序的步骤。

(1) 参照本书前面章节中介绍的方法，启动Visual C++进入VC集成开发环境，使VC进入新文件编辑状态。

(2) 在编辑窗口输入如下程序(如磁盘上已存有程序，可选择“文件”→“打开”菜单命令调出进行编辑)：

```
/*example2-1.c*/
#include <stdio.h>
main()
{
    int a,b,c,s,v;

    a=3;b=4;c=5;
        s=a+b+c;
    v=(a+b+c)*4;
    printf("s=%d,v=%d\n",s,v);
}
```

(3) 编译程序。选择菜单“组建”→“编译”(或按 Ctrl+F7)对源程序进行编译；或者鼠标点击编译微型条的 编译按钮。

若有错误，应返回到程序编辑窗口中修改源代码后再重新编译，直到排除完所有的错误为止。编译成功后，系统会生成一个与源程序同名但扩展名为.obj 的二进制目标文件。

(4) 组建链接。编译成功后，选择菜单“组建”→“组建”(或按 F7)将目标代码链接并生成可执行文件(.EXE)；或者鼠标点击编译微型条的组建按钮 。

(5) 运行程序。选择菜单“执行”(或按 Ctrl+F5)即可运行程序查看结果；或者鼠标点击编译微型条的执行按钮  。

本程序运行结果如下：

```
s=12,v=48
Press any key to continue
```

※注：如何查找和修正程序中的错误？

在上述程序中制造语法错误如下所示：

```
#include <stdio.h>
mian()                    /*main 改成 mian*/
{
    int a,b,c,s,v       /*去掉一个;*/

    a=3;b=4;c=5;
    s=a+b+c;
    v=(a+b+c)*4;
    printf("s=%d,v=%d\n",s,v);
}
```

(1) 按照上述程序的执行过程，先对程序进行编译(Ctrl + F7)操作，下方信息输出窗口将显示信息：1 error(s),0 warings(s)。说明程序中存在 1 个编译错误，在下方信息输出窗口滑动鼠标查看错误信息并双击鼠标(或按 F4)查看错误信息，在代码编辑窗口区会出现 ➡ 图形指示代码编辑区出错所在的相应位置行；在信息输出窗口会提示出错的如下具体信息 error C2146:syntax error:missing ‘;’ before identifier ‘a’，根据错误信息(缺少一个分号)，查找本书附录“常见错误信息对照表”修改程序中的错误。

(2) 修正错误后，重新编译，0 个错误，0 个警告，编译成功。

(3) 编译成功，并不意味着程序完全没有错误。现在再选择组键按钮进行链接程序，我们发现在链接过程中存在一处错误。错误信息为：error LNK2001:unresolved external symbol _main，标识符 main 输入错误。系统的组建链接产生的错误信息不能像编译错误信息一样指明出错的位置，这就需要自己在源程序中查找。

(4) 修改后再重新编译、组建链接无误后，即可运行此程序。

2.1.4 实验内容

1. 基础部分

1) 阅读分析以下程序，上机运行验证并分析结果数据

① 测试各种数据类型在本系统下占用的字节数。比较运行的结果是否和教材上所介绍的一样。并在以后的运用中加以注意。

```
/*ex1-1-1.c*/
#include <stdio.h>
main()
{
    printf("本系统下各种数据类型占用字节数的测试：\n");
    printf(" int:%d, unsigned:%d, short:%d, long:%d\n float:%d, double:%d\n char:%d\n",
        sizeof(int),sizeof(unsigned),sizeof(short),sizeof(long),
        sizeof(float),sizeof(double),sizeof(char));
}
```

② 输出各种数据类型的数据。

```
/*ex1-1-2.c*/
#include <stdio.h>
main()
{
    int c1=101,c2=102;
    float x=1.23,y=45600;
    char s1='3',s2='4';

    printf("c1=%d\t c2=%d\n",c1,c2);
    printf("c1=%c\t c2=%c\n",c1,c2);
```

```
    printf("x=%f,y=%e\n",x,y);
    printf("s1=%c\t s2=%c\n",s1,s2);
    printf("s1=%d\t s2=%d\n",s1,s2);
}
```

③ 输入一个圆的半径的值，请求出该圆的面积和周长。

```
/*ex1-1-3.c*/
#include <stdio.h>
main()
{
    int r;
    float a,s;

    printf("Please Input value:");
    scanf("%d",&r);
    a=3.14*r*r;
    s=2*3.14*r;
    printf("a=%8.2f,s=%.2f\n",a,s);
}
```

2) 在 VC 中调试并修改以下程序中的错误

①

```
/*ex1-2-1.c*/
#include <stdio>
main()
{
    int a,b,c,s;
    a=1;
    b=2;
    c=3;
    printf("%d,%d,%d\n",a++,b--,++c+3);
    printf("a=%d,b=%d,c=%d\n",a,b);
    printf("%d,s=%f\n",(s=5*6,a+b+c),s);
}
```

② 输入两个电阻值 R_1，R_2 和电压 U，用以下公式计算串联电流 I_1、并联电流 I_2。

$$I_1 = \frac{U}{R_1 + R_2},\quad I_2 = U \div \frac{R_1 \times R_2}{R_1 + R_2}$$

```
/*ex1-2-2.c*/
#include <stdio.h>
main()
```

```
{
        float R1,R2,U,I1,I2;

        printf("Input Three numbers R1,R2,U:");
        scanf("%f,%f,%f",R1,R2,U);
        I1=U/(R1+R2);
        I2=U/((R1+R2)/(R1XR2));
        printf("I1=%f,I2=%f,I1,I2");
}
```

2. 增强部分

(1) 求任意 3 个数的平均值。

提示：任意 3 个数的平均值，定义的数据类型应该是实型，3 个数要从键盘上读入。

(2) 试编写程序。以“月/日/年”的格式输入日期信息，以“年月日”的格式将其显示出来。例如，输入：07/17/2018，则输出 2018 年 07 月 17 日。

(3) 编写程序，从键盘上输入华氏温度，输出摄氏温度，摄氏温度和华氏温度的转换公式如下：摄氏温度=5/9(华氏温度-32)。

2.1.5　课外练习

1. 编程把 12240 秒转换成用“小时：分钟：秒”的形式。

【提示】 本题主要的算法为小时、分钟、秒之间的换算。小时数可用 12240 除以 3600 得到；分钟可用 12240 减去已经换算成小时的秒数，差除以 60 即是分钟数；再减去已经换算成分钟的秒数即是秒数。

2. 编写程序。读入三个数给 a,b,c，然后交换它们的值，把 a 中原来的数给 b，把 b 中原来的数给 c，把 c 中原来的数给 a。

【提示】 两个变量之间交换，需借助第三者，如同交换两个瓶子里的墨水，必须借助第三个瓶子，因此需要定义一个中间变量来进行交换。

2.2　实验二　顺序结构基本操作

2.2.1　实验目的和要求

(1) 掌握 C 语言各种数据类型的概念，变量定义及赋值方法。

(2) 掌握整型、字符型、实型等数据的输入输出方法，能正确使用各种格式控制符。

(3) 掌握 C 语言的各种运算符，特别是自加(++)和自减(--)运算符，能正确使用这些运算符构成的表达式。

(4) 理解程序设计顺序结构的基本思想，掌握顺序结构的语句特点。能够使用顺序结构编写简单的程序解决具体问题。

(5) 理解编译错误信息的含义，掌握简单 C 程序的查错方法。

2.2.2　知识要点

1. 变量及其定义

变量是指在程序运行过程中其值可以发生变化的量，用来保存运行过程中的输入数据、计算获得的中间结果和最终结果。

(1) 使用变量时的基本原则。

使用变量必须遵循“先定义，后使用”原则，一条声明语句可以声明若干同类型的变量。

(2) 注意区分变量名和变量值的概念。

在程序中使用任何变量，都必须明确变量名、变量值和变量类型这三个概念，如图 2-2 所示 a 是变量名，3 是变量 a 的值，变量的类型是整型，变量名实际上是以一个名字代表的一个存储地址。

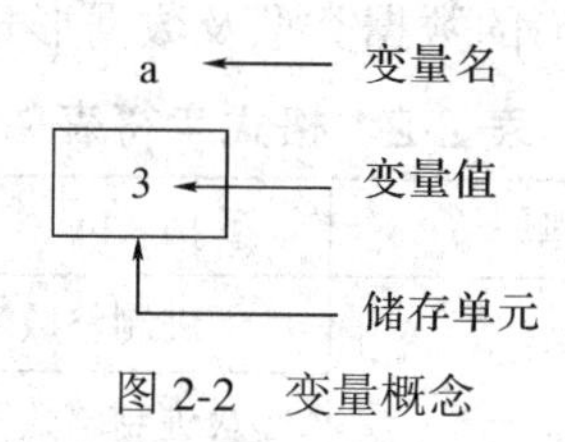

图 2-2　变量概念

(3) 用 sizeof()获得变量所占存储空间的大小。

char 型数据在任何情况下在内存中只占 1 个字节，int 型数据通常与程序执行环境的字长相同，对 16 位环境，int 型数据在内存中占 16 位，即 2 个字节，对于大多数 32 位环境，int 型数据在内存中占 32 位，即 4 个字节。因此，绝不能对变量所占的字节数想当然，要想得知 int 型数据的准确的字节数，要用 sizeof()来计算其在内存中所占的字节数。

2. 赋值语句

基本格式：

　　变量名 = 表达式;

含义：这里的“=”是赋值号，表示将表达式的值赋给左边的变量，它不同于等式中的等于号。

例如：

```
r=123;            /*表示将数值 123 赋给变量 r*/
s=2*3.14*r;       /*表示将表达式 2*3.14*r 计算的结果赋给变量 s*/
```

3. 格式输入/输出函数

在程序中经常需要输入输出各种基本类型的数据，如整型、单精度型、双精度型、字符型等，为此，C 语言提供了格式输入输出函数。

1) 格式输入函数

　　scanf("输入格式字符串", 输入变量地址表)

说明：

(1) 输入格式字符串用双引号引起，由输入格式字符和非格式字符组成，每个输入格式字符对应一个输入数据，输入时必须按照规定的格式输入，输入格式字符外的其他字符都属于非格式字符，在输入数据时必须原样原位置输入。

(2) 输入变量地址是由接收输入数据的变量地址组成，变量地址之间用逗号分隔。变量的地址必须写成“&变量名”。

2) 格式输出函数

printf("输出格式字符串"，输出表达式表)

说明：

(1) 输出格式字符串与输入格式字符串类似也有输出格式字符和非格式字符组成，每个输出格式字符对应一个输出数据，输出时按照规定的格式输出数据，非格式字符输出时按原样原位置输出。

(2) 输出表达式由若干个需要计算和输出的表达式组成，表达式之间用“逗号”分隔，计算的顺序是自右向左进行的。

输入/输出函数格式字符所对应的数据类型及数据形式如表 2-2 所示。

表 2-2 格式字符表

格式字符	数据类型	输入/输出数据形式
%d	int;short unsigned int unsigned short	十进制整数
%o		八进制整数
%x		十六进制整数
%ld	long;unsigned long	十进制整数
%f	float	以小数的形式输入/输出实数
%e		以指数的形式输入/输出实数
%g		自动选择%f 和%e 中宽度较小的格式输出
%lf	double	输入实数
%c	char	输入/输出单个字符
%s	字符型数组	输入、输出字符串，遇到第一个空白字符(包括空格、回车、制表符)时结束
%%		输入/输出一个百分号

3) 使用 scanf()和 printf()函数

使用 scanf()和 printf()函数时注意事项如下。

(1) 数据输出宽度说明可以没有，按数据实际数值输出。

(2) 数据格式说明要和后面的输出表列一一对应。

(3) 数据输出宽度说明如果是正数则右对齐左补空格，是负数则左对齐右补空格。

(4) float 型的宽度说明 x.y，其中 x 表示数的总宽度，y 表示小数位数。

4. 顺序结构

顺序结构是最基本的程序结构，也是最简单的程序结构，只要按照解决问题的顺序写出相应的语句就行，它的执行顺序是自上而下，依次执行。如图 2-3 所示。

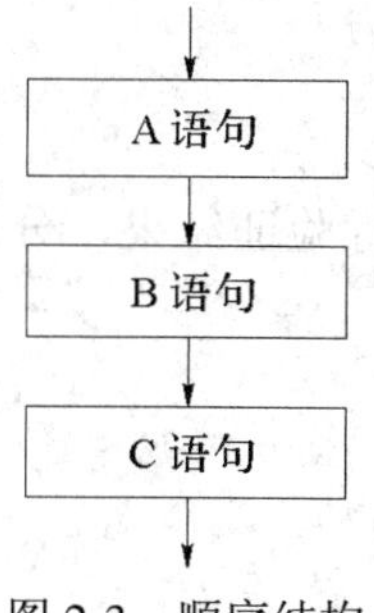

图 2-3　顺序结构

例如，a = 3，b = 5，现交换 a，b 的值，这个问题就好像交换两个杯子水，这当然要用到第三个杯子，假如第三个杯子是 c，那么正确的程序为： c = a; a = b; b = c; 执行结果是 a = 5，b = c = 3。如果改变其顺序，写成：a = b; c = a; b = c; 则执行结果就变成 a = b = c = 5，不能达到预期的目的，初学者最容易犯这种错误。

顺序结构可以独立使用构成一个简单的完整程序，常见的输入、计算、输出三部曲的程序就是顺序结构。例如，以下的实验案例中计算圆的面积，其程序的语句顺序就是先输入圆的半径 r，再计算 s = 3.14159*r*r，最后输出圆的面积 s。不过大多数情况下顺序结构都是作为程序的一部分，与其它结构一起构成一个复杂的程序，例如分支结构中的复合语句、循环结构中的循环体等。

2.2.3　实验案例

【题目描述】编写程序，计算圆的面积。

【算法分析与指导】利用 #define 命令行定义 PI 代表一串字符 3.14159。程序中凡是出现 PI 的地方，在系统编译时均用 3.14159 代替。

【参考程序】

```
/*example2-2.c*/
#include <stdio.h>
#define PI 3.14159
main()
{
    float r,s;

    scanf("%f",&r);
    s=PI*r*r;
    printf("面积=%f\n",s);

}
```

输入数据：2

运行结果：面积=50.265440

2.2.4 实验内容

1. 基础部分

(1) 阅读分析以下程序，上机运行验证结果，分析结果数据。

①
```
/*ex2-1-1.c*/
#include <stdio.h>
main()
{
    float x=8.3,y=4.2,s;
    int a=7;

    s=x+a%5*(int)(x-y)%2/3;
    printf("s=%f",s);
}
```
②
```
/*ex2-1-2.c*/
#include <stdio.h>
main()
{
    int i,j,p,q;

    i=3;j=6;
    p=i++;q=--j;
    printf("%d,%d,%d,%d\n",i,j,p,q);
    p=i--+3;q=++j-4;
    printf("%d,%d,%d,%d\n",i,j,p,q);
}
```
(2) 请改正以下程序的错误。

①
```
/*ex2-2-1.c*/
#include<stdio.h>
#define MM 40;
main()
{
    int a=3;b=6;t;

    t=MM/(3+6);
    print("%d",t,MM)
}
```

②
```
/*ex2-2-2.c*/
#include <stdio>
mian()
{
    int m;
    double x;

    scanf("%d",m);
    x=3.14*m*m;
    printf("f",x);
}
```

2. 增强部分

(1) 按程序中注释的要求填写语句。

```
/*eh2-1.c*/
#include <stdio.h>
main()
{
    int a,b;
    long m,n;
    float p,q;

    scanf( ______________________ ); /*以“a=4,b=8”的形式输入 a 和 b 的值*/
    scanf( ______________________ ); /*以“4.23，5.7”的形式输入 p 和 q 的值*/
    scanf( ______________________ ); /*以“234 567”的形式输入 m 和 n 的值*/
    printf("____________________",a,b,m,n); /*每个数的输出宽度为 5，两数之间用逗号隔开*/
    printf("____________________",p,q); /*每个数的输出宽度为 6，小数位数为 3*/
}
```

(2) 编程实现输入任意三个整数，求它们的和及平均值。

3. 提高部分

(1) 编写程序。设 n 为三位数，分别求出 n 的个位数字，十位数字和百位数字的值。如 n = 234，个位上的数字为 4，十位上的数字为 3，百位上的数字为 2。

提示：n 的个位数字的值是 n%10，十位上的数字的值是(n/10)%10，百位数字的值是 n/100。

(2) 编写程序。读入三个数给 a、b、c，然后交换它们的取值，把 a 中原来的数给 b，把 b 中原来的数给 c，把 c 中原来的数给 a。如 a=1,b=2,c=3，程序运行后，a=3,b=1,c=2;

提示：用中间变量实现两个数的交换。

2.2.5 课外练习

1. 修改程序，使其实现如下功能：从键盘上输入 x=20,y=25,z=A，然后将输入的内容从屏幕上输出。

```
/*sup2-1.c*/
#include <stdio.h>
main()
{
    int x;
    float y;
    char z;

    scanf("x=%d,y=%d,z=%c",x,y,z);
    printf("\n x=%d,y=%d,z=%c",x,y,z);

}
```

2. 如下程序将两个数 a，b 进行交换，请填空完整。

```
/*sup2-2.c*/
#include<stdio.h>
main()
{
    int a=9,b=5;

    a+=b;
    b= ______________;
    a-= ______________;
    printf("%d %d",a,b);
}
```

3. 编写程序。把 720 分钟换算成用小时和分钟表示，然后进行输出。

4. 编写程序。设银行定期存款的年利率 rate 为 2.25%，并已知存款为 n 年，存款本金为 capital 元，编程计算 n 年后的本利之和 deposit。要求定期存款的年利率 rate、存款年限 n 和存款本金 capital 由键盘输入。

2.3 实验三 分支结构程序设计

2.3.1 实验目的和要求

(1) 正确书写关系表达式，掌握 C 语言逻辑量的表示方法。

(2) 掌握选择结构的流程图表示方法。

(3) 熟练掌握 if 语句和 switch 语句。

(4) 掌握简单的跟踪调试程序的方法。

2.3.2　知识要点

1. C 语言中逻辑量的表示方法

在计算关系表达式的值时，若表达式中的关系成立则用 1 来表示，表示逻辑真；反之，关系不成立用 0 来表示，表示逻辑假。判断关系表达式的值为真还是假时，只要表达式的值为非 0，则认为表达式成立，为 0 表示表达式不成立。

由于 C 语言中逻辑值具有这种特殊性，因此表达式的书写可以简化。如，num%2!=0，可以简写成 num%2。在选择结构条件表达式判断的时候，经常用到这种写法。

2. 选择结构的流程图表示方法

选择结构的流程图表示如图 2-4 所示。

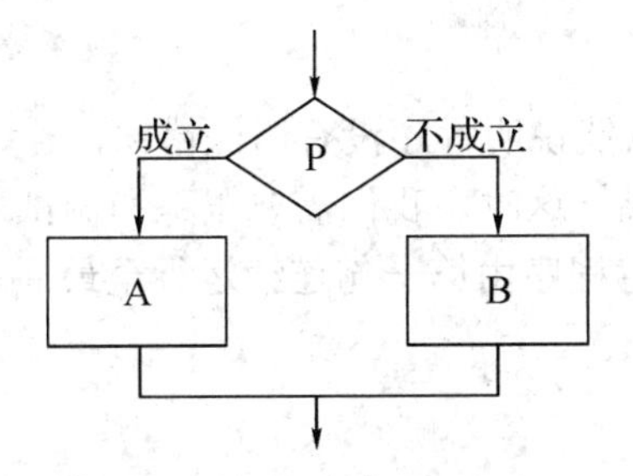

图 2-4　选择结构流程图

如果条件 P 成立，则执行 A 操作，条件 P 不成立，则执行 B 操作。如果 B 操作为空则为单分支选择结果，若 B 操作不为空则为双分支选择结构；如果 B 操作中又包含另一个选择结构，就构成了多分支选择结构。

3. C 语言中，选择结构的实现方法

1) 单分支选择语句

```
if(表达式)
    语句;
```

表示如果“表达式”的结果为真，则执行其后的“语句”。
其中，“表达式”常用的是关系表达式或逻辑表达式，也可以是其它任何类型的表达式；“语句”可以是任意的 C 语言语句，也可以是另外一个 if 语句成为嵌套的 if 语句。

2) 双分支选择语句

```
If (表达式)
    语句 1;
else
    语句 2;
```

表示如果“表达式”的结果为真，则执行其后的“语句 1”，否则执行“else”后面的

“语句 2”。在 if……else……嵌套语句中，else 总是和最近的上一个 if 配套的。

3) 多分支选择结构

多分支选择结构通常有多个条件来控制多个操作，在 C 语言中，除了用嵌套的双分支语句来实现多分支结构，还可以选用 switch 语句。

```
switch (表达式)
{
    case  常量表达式 1：语句组 1；break；
    case  常量表达式 2：语句组 2；break；
    …
    case 常量表达式 n：  语句组 n；break；
    default：             语句组 n+1；
}
```

此语句的执行过程是：计算表达式的值，如果该值和常量表达式 i 的值相同，则执行语句组 i 后结束，如果和每个表达式的值都不相同，则执行语句组 n+1 后结束。

4. 简单的跟踪调试程序

一个程序编译成功后，只能说明程序没有语法错误，若程序中存在编程逻辑错误则运行程序不一定能得出正确结果。这时，我们需要跟踪和调试程序。

Run 菜单下的 Run 命令将程序由第一句连续运行至最后一句，无法对程序进行跟踪，若结果不对，很难发现错误点。

1) 跟踪调试的前提条件

程序没有编译错误时可以生成.exe 可执行文件，当程序的运行结果不正确时，可以选用跟踪调试的方法。

2) 跟踪调试工具栏

执行“工具”→“定制”命令，在“定制”对话框中选中“调试”选项，显示调试工具栏，如图 2-5 所示。

图 2-5　调试面板

3) 跟踪调试方法

点击调试工具栏 按钮或选用组合键“Ctrl + Shift + F5”，程序进入跟踪调试状态，进入调试状态的编辑窗口，如图 2-6 所示，程序编辑窗口有箭头指向程序的某一行，表示程序将要执行该行；原来的状态栏窗口变成了变量窗口和观察窗口，在变量窗口可以自动用红色显示当前值发生改变的变量，在观察窗口程序员可以输入需要特别观察的变量名，观察变量值。下面介绍几种跟踪调试程序的方法。

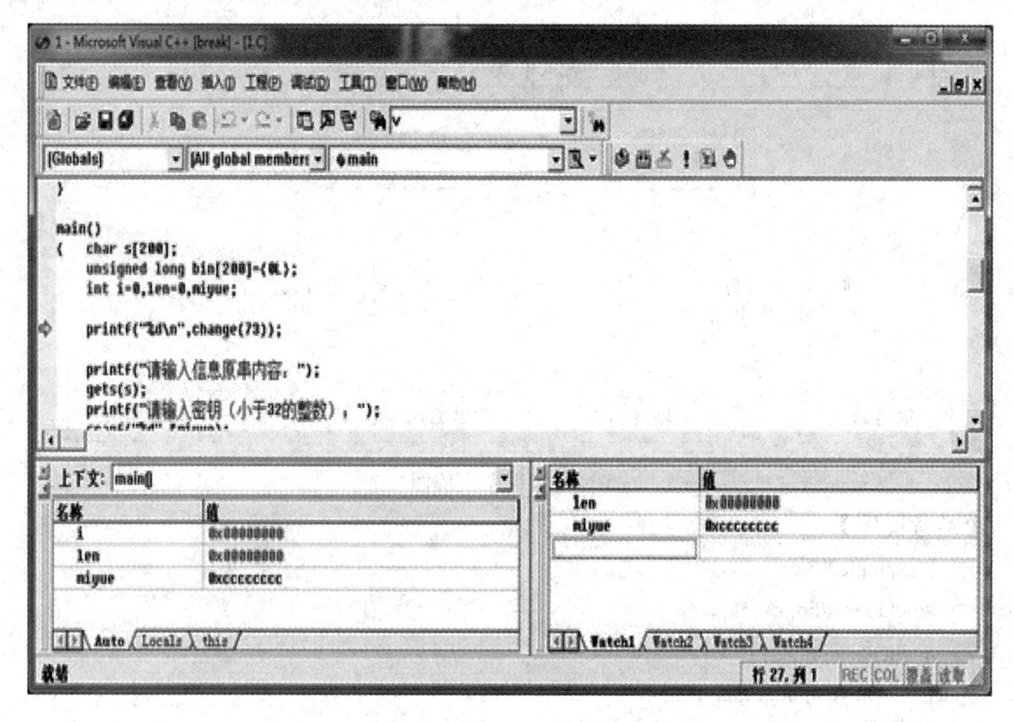

图 2-6　调试状态的编辑窗口

① 单步跟踪：点击调试工具栏按钮 或 ，也可直接按快捷键 F11 或 F10，可以实现每条语句单独运行。

② 运行至光标处：先将光标移至目标语句，然后点击调试工具栏按钮 ，或按快捷键 Ctrl + F10，这样可以连续运行从开始到光标处的一段程序。

③ 设置断点：断点设置可以将程序分为若干段，然后点击 命令或按快捷键 F5 分段运行程序。断点的设置与取消：先将光标定位到需要设置断点的行，点击 或按快捷键 F9 可以增加断点，再次点击 或按快捷键 F9 可以取消断点。

④ 程序跟踪调试结束后，可以点击调试工具栏 或按组合键 Shift+F5，结束调试状态。

2.3.3　实验案例

【题目描述】 编写程序，输入年份和月份，求该月的天数。

【算法分析与指导】 该程序的流程图如图 2-7 所示。其中判别闰年的条件是：能被 4 整除但不能被 100 整除的年是闰年，能被 400 整除的是年也是闰年，用表达式表示为(year%4==0&&year%100!=0)||(year%400==0)，表达式值为真则为闰年。

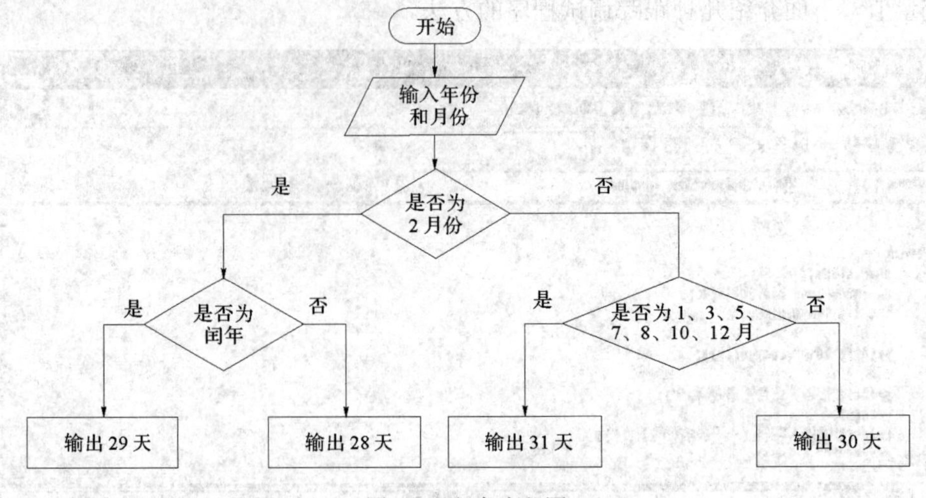

图 2-7　程序流程图

【参考程序】

```
/*example2-3.c*/
#include<stdio.h>
main()
{       int year,month,day;
        printf("Enter year & month:");
        scanf("%d%d",&year,&month);                 /*输入年份和月份*/
        if (month==2)                               /*判断输入的月份是否为二月份*/
            if ((year%4==0&&year%100!=0)||(year%400==0))   /*是二月份，判断是否为闰年*/
                day=29;
            else day=28;
        else  /*不是二月份，则区分判断各月的天数*/
            switch (month)
            {
                case 1:     case 3:
                case 5:     case 7:
                case 8:     case 10:
                case 12: day=31; break;             /*多个 case 公用一个语句*/
                case 4:     case 6:
                case 9:     case 11: day=30; break;
            }
        printf("year=%d  month=%d    day=%d\n",year,month,day);
}
```

测试案例 1：

输入数据：2015 8

输出结果：year=2015 month=8 day=31

测试案例 2：
输入数据：2004 2
输出结果：year=2004 month=2 day=29
测试案例 3：
输入数据：2006 2
输出结果：year=2006 month=2 day=28

2.3.4　实验内容

1. 基础部分

(1) 试用跟踪调试的方法改正下列程序中的错误，输入实数 x，计算并输出下列分段函数 $f(x)$的值，输出时保留 1 位小数。

$$y = f(x) = \begin{cases} \dfrac{1}{x}, & x = 10 \\ x, & x \neq 10 \end{cases}$$

源程序如下：

```
/*ex3-1.c*/
#include <stdio.h>
int main()
{
	double x,y;
	printf("enter x:\n");
	scanf("%f",x);
	if (x=10)
		y=1/x;
	else (x!=10)
		y=x;
	printf("f(%0.2f)=%lf\n"x y);
	return 0;
}
```

提示：先对程序进行编译和连接，根据错误信息修改程序的语法错误，当编译和连接后没有出现错误信息时运行程序，观察结果是否正确，若不正确再用跟踪调试的方法调试程序。

(2) 修改下列程序，使之能正确运行并实现将学生百分制成绩转化为五级制成绩，百分制成绩与五级制成绩的对应关系为：90～100 A、80～89 B、70～79 C、60～69 D、60分以下 E 表示。

源程序如下：

```
/*ex3-2.c*/
#include <stdio.h>
int main()
```

```
{
    int score;
    printf("enter score=");
    scanf("%d",&score);
    switch (score/10);
    {
        case 10:
        case 9: printf("A\n");
        case 8: printf("B\n");
        case 7: printf("C\n");
        case 6: printf("D\n");
        default: printf("E\n");
    }
}
```

2. 增强部分

(1) 某服装店经营套服，也可单件出售。若买的件数不少于50套，每套80元；不足50套的每套90元；只买上衣每件60元；只买裤子每条45元。以下程序的功能是读入所买上衣c和裤子t的件数，计算应付款m。请填空使程序完整。

```
/*eh3-1.c*/
#include <stdio.h>
int main()
{
    int c,t,m;
    printf("input the number of coat and trousers your want buy:\n");
    scanf("%d%d",&c,&t);
    if ( ________________ )
        if(c>=50) m=c*80
        else ________________;
    else
        if ( ______________ )
            if (t>=50)    m=t*80+(c-t)*60;
            else ________________;
        else
            if (c>=50) ________________;
            else    m=c*90+(t-c)*45;
    printf("%d",m);
}
```

(2) 图2-8是求一元二次方程$ax^2+bx+c=0$解的流程图，试根据流程图编写程序。

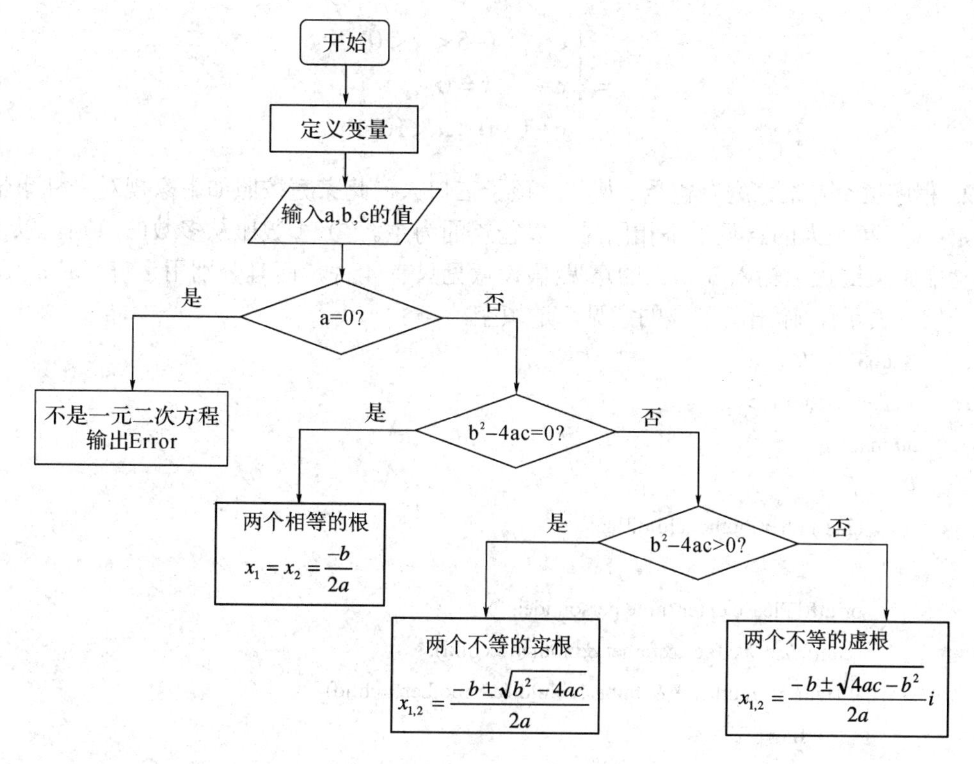

图 2-8　解一元二次方程的流程图

3. 提高部分

(1) 编写程序。从键盘上输入三个数，分别让它们代表三条线段的长度，判断它们能否构成三角形，若能构成再判断是什么类型的三角形(等腰、等边、不等边三角形)。

(2) 编写程序。根据有关生理卫生知识与数理统计分析表明，小孩成人后的身高与其父母身高和自身性别密切相关。设 faHeight 为父亲身高，moHeight 为母亲身高，身高预测公式为：

男性成人时身高=(faHeight+moHeight)*0.54(cm)
女性成人时身高=(faHeight*0.923+moHeight)/2(cm)

此外，如果喜爱体育锻炼可增加身高 2%；如果有良好的卫生饮食习惯可增加身高 1.5%。

试编程从键盘上输入用户性别(用字符型变量 sex 存储，输入字符 F 代表女性，输入字符 M 代表男性)、父母身高(用实型变量存储，faHeight 为父亲身高，moHeight 为母亲身高)、是否喜爱体育锻炼(用字符型变量 sports 存储，Y 代表喜爱，N 代表不喜爱)、是否有良好的饮食习惯(用字符型变量 diet 存储，Y 代表良好，N 代表不好)，利用公式和身高预测方法对身高进行预测。

2.3.5　课外练习

1. 编写程序。输入 x，计算并输出下列分段函数 y 的值。

$$y=\begin{cases}x & (-5<x<0)\\ x-1 & x=0\\ x+1 & 0<x<10\end{cases}$$

2. 程序填空。某家庭有爸爸、妈妈、孩子三口人，此家庭按照如下家规对一件事情做出决定：① 每个人的意见都不相同时，以爸爸的为主。② 少数服从多数的原则。以下程序的功能是从键盘上输入 3 个人的意见(假设意见只有 4 种，而且分别用字符 ‘a’、‘b’、‘c’、‘d’ 表示)，输出所采取的意见，请填空。

```
/*sup3-2.c*/
#include <stdio.h>
int main()
{
    char father,mother,child,flag;

    printf("Please enter three person idea:");
    scanf("%c %c %c",&father,&mother,&child);
    if (father!=mother && father!=child && mother!=child)
        flag='f';
    else
        if ( ________________ )
            flag='f';
        else
            flag='m';
    printf("Take the idea:%c\n", __________ ?father:mother);
}
```

3. 编写程序。从键盘上输入一个字符，如果字符是算式运算符(加、减、乘、除、模)，则输入 2 个整数，对这两个整数进行对应的算术运算并输出结果；如果输入的字符不是算术运算符，则输出“input error！”，提示输入错误。

4. 编写程序。现有 12 个小球，其中一个球的重量与其他 11 个球的重量不同，但不知道是轻还是重。使用天平秤三次，把这个非标准球找出来，并指出它比标准球是轻还是重。

2.4 实验四 循环结构程序设计

2.4.1 实验目的和要求

(1) 熟练掌握利用 while、do-while、for 语句实现循环结构的方法。

(2) 掌握控制语句 break 和 continue 语句的使用方法。

(3) 掌握循环结构流程图的表示方法，能根据流程图编制程序。

(4) 进一步掌握跟踪调试程序的方法。

2.4.2　知识要点

循环结构是一种根据设定的条件重复执行某段程序的控制结构。循环结构有三种形式：当型循环(while)、直到型循环(do～while)和次数型结构(for)。

1. C 语言中循环结构的实现方法及流程图

1) 当型循环——while 语句

```
while (表达式)
    循环体语句;
```

说明：① 当型循环的特点是先判断循环条件，后执行循环体语句，流程图如图 2-9 所示。如果循环条件开始就不成立，循环体有可能一次都不执行。

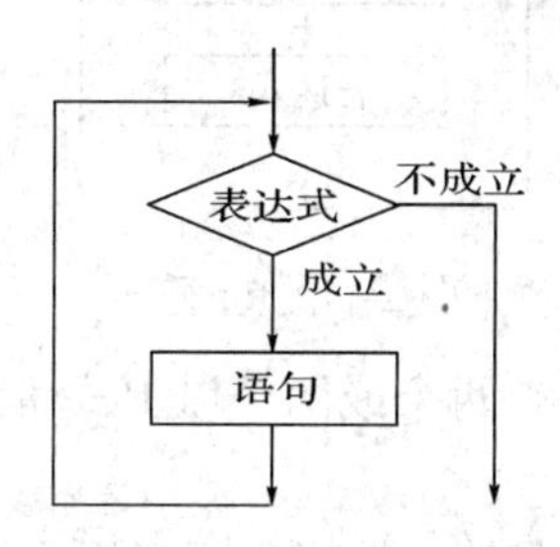

图 2-9　while 循环

② 表达式称为“循环条件”，可以是任何类型，常用关系或逻辑表达式。

③ 循环体语句可以是任何语句，通常是复合语句。如果循环体包含一个以上的语句，应该用花括号括起来，作为复合语句。

2) 直到型循环——do-while 语句

```
do
    循环体语句;
while (表达式);
```

说明：① 直到型循环是先无条件执行循环体，然后根据循环条件是否成立来决定是否执行下一次循环，流程图如图 2-10 所示。即使循环条件开始就不成立，循环体也至少被执行一次。

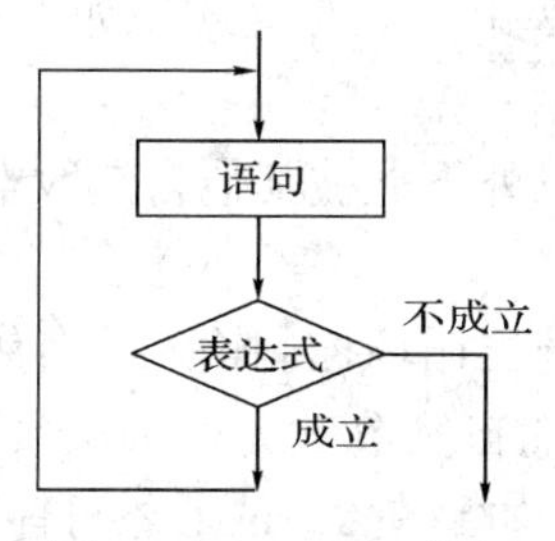

图 2-10　do while 循环

② 表达式和循环体代表的意思与当型循环 while 语句的意思相同。

3) 次数型循环——for 语句

for (表达式 1；表达式 2；表达式 3)

循环语句；

说明：① 表达式 1 一般为循环变量赋初值，表达式 2 为循环条件，表达式 3 改变循环变量，for 语句流程图如图 2-11 所示。

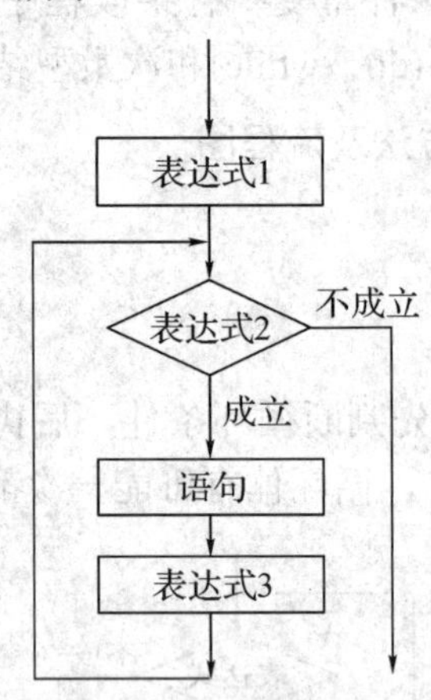

图 2-11 for 循环

② 如果表达式 1 或表达式 3 有两个或两个以上式子组成，各个式子之间用逗号隔开，共同组成表达式 1 或表达式 3。

③ 表达式 1 和表达式 3 可以省略，省略后相当于 while 语句，但表达式后面的分号不能省。

2. 循环控制语句 break 和 continue

1) break 语句

强制结束当前循环，当执行循环一遇到 break 语句时，循环立即停止。break 也用于 switch 语句中。

2) continue 语句

结束本次循环，跳过 continue 之后的语句重新判断循环控制条件，决定是否继续循环。

2.4.3 实验案例

【题目描述】 画流程图并编写程序，使之实现如下功能：反复输入自然数(>1)，判断其是否素数，直到输入 0 时停止。

提示：素数是除了 1 和本身以外不能被其他自然数整除的自然数。

【算法分析与指导】

在本程序中需要两层循环，外层循环控制输入的自然数，用 while 循环实现，表达式为 n!=0。内层循环判断当前输入的自然数 n 是否为素数，判断方法是看 2～n−1(用变量 i 表示)能否被 n 整除(即 n%i==0?)，如果在 2～n−1 之间有一个数能被 n 整除，那么，n 就不是素数，如果所有的数都不能被整除，则 n 是素数。判断素数的循环用 for 循环来实现。

在判断素数的循环中，退出循环的条件有两个，一个是循环控制条件 i < n 不成立，说明自然数 n 是素数，另一个是 n%i==0 成立，说明自然数 n 不是素数，需要强行退出循环。如果某个循环有多个退出循环的出口时，可以通过设置“标志变量”来实现，通过利用标志变量不同的值来确定是从哪个循环出口退出的，本题中设标志变量为 flag，flag==1 表示 n 为素数，flag==0 代表 n 不是素数。流程图如图 2-12 所示，源程序如下。

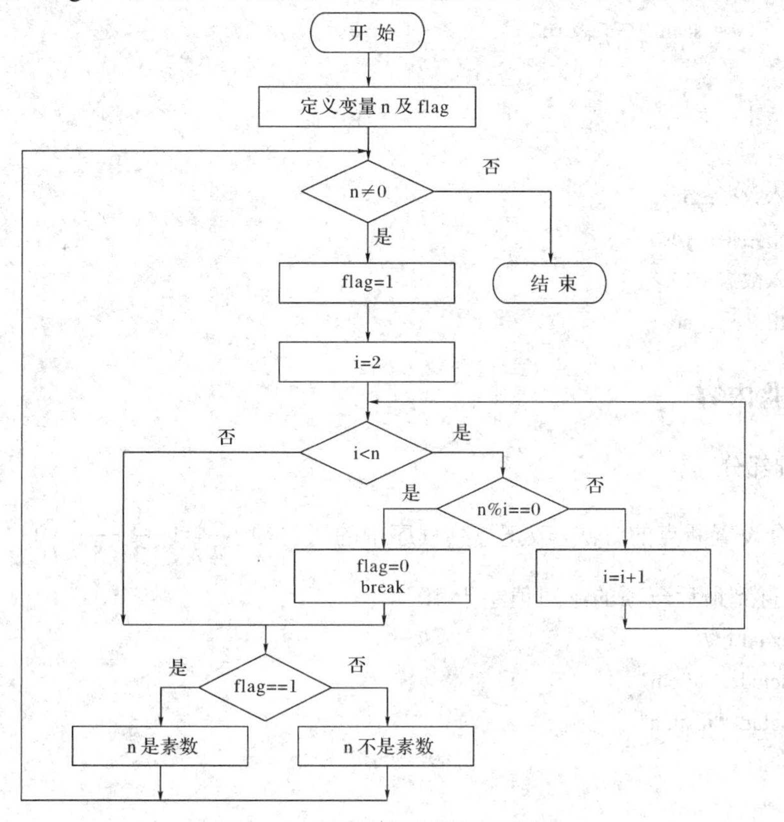

图 2-12 判断素数的程序流程图

【参考程序】

```
/*example2-4.c*/
#include "stdio.h"
main()
{
    int n,i,flag;
    scanf("%d",&n);
    while (n!=0)                /*外层循环控制输入的自然数*/
    {
        flag=1;                 /*标志变量*/
        for (i=2;i<n;i++)       /*内层循环判断 2～n-1 之间有没有能被 n 整除的数*/
            if (n%i==0)
```

```
                {flag=0;break;}          /*i能被n整除，n不是素数，改变标志变量，用break提前
                                           结束循环*/
            if (flag==1)                 /*根据标志变量，判断n是否为素数*/
                printf("yes!\n");
            else
                printf("no!\n");
            scanf("%d",&n);

        }
}
```

输入数据：5

输出结果：yes

输入数据：15

输出结果：no

2.4.4 实验内容

1. 基础部分

(1) 结合设置断点的方法，改正下列程序中的错误。用$\frac{\pi}{4}=1-\frac{1}{3}+\frac{1}{5}-\frac{1}{7}+\frac{1}{9}-\cdots$公式求π的近似值，直到最后一项的绝对值小于$10^{-4}$。

```
/*ex4-1.c*/
#include "stdio.h"
#include "math.h"
main()
{
    int s=1,n=1;
    float t=1,pi;

    while (fabs(t)>=1e-4)
    {
        pi=pi+t;
        n+=2;
        s=-s;
        t=s/n;                    /*调试时设置断点*/
    }
    pi=pi*4;
    printf("pi=%d\n",pi);         /*调试时设置断点*/
}
```

(2) 下面程序实现如下功能：输入一行字母，将字母加密输出(如 'a' 变成 'c', 'b' 变成 'd', 'y'变成'a', 'z' 变成 'b')。阅读并分析该程序，填空使其完整。

```
/*ex4-2.c*/
#include"stdio.h"
main()
{
    int c;

    while ((c=getchar())!='\n')
    {
        if( ________________ )
            c+=2;
        else if(c=='y'||c=='Y'||c=='z'||c=='Z')
            ________________;
        ________________;
    }
    putchar('\n');
}
```

2. 增强部分

(1) 编写程序求 Fibonacci 数列的前 20 项，每行输出 4 个数。Fibonacci 数列如下：1，1，2，3，5，8，13，21，34，……，要求先画流程图再编写源程序。

(2) 用循环语句编写程序，计算 $e = 1 + 1/1! + 1/2! + \cdots + 1/n!$。

要求：

① 使最后一项的值 1/n!小于等于 10^{-5} 即可结束运算。

② 除了输出 e 以外，同时还要输出总的项数 n。

3. 提高部分

(1) 编写程序并画出流程图验证：任何一个自然数 n 的立方都等于 n 个连续奇数之和。例如 $1^3 = 1$；$2^3 = 3 + 5$；$3^3 = 7 + 9 + 11$ 等。要求程序对每个输入的自然数计算并输出相应的连续奇数，直到输入的自然数为 0 时止。

提示：设置连续奇数 k1 的初始值为 1，用循环求出 k1 开始的连续奇数之和(存入 m 中)，如果 m 等于 n^3，则用循环输出 k1 开始的连续 n 个奇数，否则修改 k1 的值为 k1+2。

(2) 编写程序。甲，乙，丙三位球迷分别预测已进入半决赛的四队 A，B，C，D 的名次如下。

甲预测：A 第一名，B 第二名

乙预测：C 第一名，D 第二名

丙预测：D 第二名，A 第三名

比赛结果，甲，乙，丙预测各队一半，试求 A，B，C，D 四队的名次。

2.4.5 课外练习

1. 使用循环语句编程，输出如下三角形状的九九乘法表

```
*   1   2   3   4    5   6   7   8    9
---------------------------------------
1   1
2   2   4
3   3   6   9
4   4   8   12  16
5   5   10  15  20   25
6   6   12  18  24   30  36
7   7   14  21  28   35  42  49
8   8   16  24  32   40  48  57  64
9   9   18  27  36   45  54  63  72   81
```

2. 已知直角三角形每条边长都为 25 以内的整数，求出所有这样的直角三角形三边长。

3. 求定积分 $\int_0^1 \sin x$(提示根据定积分的几何意义，用 for 循环计算 $\sum_{i=1}^{n-1} \sin(a+i*h)$，$h=(b-a)/2$，[a,b]为积分区间，h 为小梯形的高度)。

4. 如果一个数恰好等于它的所有因子(包括 1 但不包括自身)之和，则称之为“完数”。例如 6 的因子为 1，2，3，且 6 = 1 + 2 + 3，因此 6 是完数。使用 for 循环编写程序找出 100 以内的所有完数及这些完数的和。输出形式为：完数 1 + 完数 2 + … = 和值。

2.5 实验五 数组的使用

2.5.1 实验目的和要求

(1) 掌握一维数组的定义、初始化和数组元素的引用方法。
(2) 掌握二维数组的定义、初始化和数组元素的引用方法。
(3) 熟悉在什么情况下使用数组，掌握与数组相关的算法。
(4) 进一步理解模块化程序设计的方法。

2.5.2 知识要点

数组是一种组合类型的数据，数组中的每个成员称为“数组元素”，每个数组元素都可以做单个变量使用。同一个数组中所有元素的数据类型必须是相同的，可以是基本数据类型，也可以是指针型，结构体型等其他数据类型。

1. 一维数组

1) 一维数组的定义

类型标识符 数组名[常量表达式];

其中，数组名的命名规则与普通变量的命名规则相同，由数字，字母和下划线组成，并且以字母和下划线开头。常量表达式代表的是数字的长度，可以是常量或符号常量，但不能是变量。在C语言中不允许对数组的大小做动态定义。

2) 一维数组的引用

引用数组元素的形式为：

数组名[下标]，描述元素的地址为：&数组名[下标]

其中，“下标”是一个整型表达式，取值是0到数组长度 -1。在C语言中数组的下标是从0开始的。

3) 一维数组的初始化

数组元素和变量一样，可以在定义数组时赋值，称为数组的初始化。

赋值方法：

数组名[长度]={初值列表}

初值列表各元素的值用逗号隔开。

说明：在定义语句中可以给全部数组元素赋初值，也可以给部分元素赋初值。如果给全部元素赋值，在定义时数组的长度可以省略，如果给部分元素赋值，那么没有赋值的元素，数值型数组默认值为0，字符型数组默认值为 '\0'。

如 int a[5]={1,2,3,4,5}; 表示定义了一个数组名为a，长度为5的整型数组，五个元素为a[0], a[1], a[2], a[3], a[4]，分别赋值为1,2,3,4,5。

4) 一维数组的存储

以int a[5]为例，计算机在内存中划出一片连续的存储空间，存放有5个整型元素的数组，此空间大小为2(整型变量的存储空间)*5(数组的长度) = 10字节。

C语言规定，数组名代表的是数组的首地址，也就是第一个元素的地址，是一个常量，所以有a=&a[0]，数组名是个常量。

2. 二维数组

1) 二维数组的定义

类型标识符 数组名[常量表达式1][常量表达式2];

说明：在C语言中，二维数组可以看作是一种特殊的一维数组，该一维数组的元素又是一个一维数组，例如定义二维数组：int a[2][3]; 表示两行三列的二维整型数组，它可以看作两个一维数组，每个一维数组都有三个元素。两个一维数组分别为a[0]和a[1]，它们的元素分别为：

数组名		数组元素
a[0]	a[0][1]	a[0][2]a[0][3]
a[1]	a[1][1]	a[1][2]a[1][3]

2) 二维数组的引用

二维数组元素的引用方式：数组名[下标][下标]

3) 二维数组的初始化

按行给二维数组元素赋初值。如：int a[2][3]={{1,2,3},{4,5,6}}; 按行给全部元素赋值。

如 int a[2][3]={{1,2,},{4,6}}；按行给部分元素赋值，没有赋值的元素初始值为 0。

不分行给二维数组元素赋值。如 int a[2][3]={1,2,3,4,5,6}；给全部元素赋值。如 int a[2][3]={1,2,3,4}；给部分元素赋值。

说明：按行给二维数组元素赋值和不按行给全部元素赋值时，在定义二维数组时，行号可以省略。

4) 二维数组的存储

在 C 语言中，计算机对二维数组元素存储也是分配一串连续的存储空间，是按行存储的。也就是内存中先顺序存放第 1 行的元素，再接着存放第二行的元素，各元素存放是连续的，而不是二维的。

与一维数组相同，二维数组的数组名是个常量，代表数组的首地址，第一行的地址，也就是第一个元素的地址，因此有 a=a[0]=&a[0][0]。

3. 测试数据的选择

任何程序编写完成后都要上机调试运行，那么随便输入一组数据，如果运行结果正确，就能说明程序没有错误吗？显然这是不对的。最好的测试方式是包含所有可能情况的测试(即穷尽测试)，然而对于实际程序而言，穷尽测试是不可能实现的。初学者学习程序时，不能草率地随便找一组数据运行了事，应了解一些常用的测试用例选取方法，为自己的程序精心选用一些测试用例。

如果程序测试人员对被测试的程序内部结构很熟悉，即被测程序的内部结构和流向是已知的，那么可以按照程序内部的逻辑来设计测试用例，检验程序中的每条通路是否都能按照预定要求正确工作。这种测试的方法称为白盒测试或玻璃测试，也称为结构测试。这种测试方法选取用例时的出发点是：尽量让测试数据覆盖程序中的每条语句、每个分支和每个判断条件。

如果测试人员不了解程序的内部结构，只知道程序的功能，即程序的输入和输出情况对于测试人员是已知的，但程序的内部实现是未知的，其内部结构对测试者而言是一个黑盒子。这时，可从程序拟实现的功能出发选取测试用例。这种测试方法称为黑盒测试，也称为功能测试。黑盒测试的实质是对程序功能的覆盖测试。在实际应用中，往往需要上述两种方法结合在一起使用。

2.5.3 实验案例

【题目描述】 假设我们举行一次班长选举，对一个班(30 名同学)中的 5 名候选人(分别用代号 1～5 表示)进行投票选举，得票最多者当选。请编写程序统计 5 名候选人的得票情况，假设原始投票数据如下：1、3、2、4、4、3、3、5、2、1、5、4、3、3、5、2、1、4、4、1、1、2、5、3、4、2、4、4、3、2。

【算法分析与指导】首先，我们必须清楚如何用数组来表示 5 名候选人，这涉及数组的定义问题，然后采用循环将 30 个原始数据分别对数据进行累加，这是数组操作问题，最后打印得出结果。如：用 select[6]数组定义表示 5 名候选人(元素 select[0]不用)，原始数据变量可用 number 表示。

【参考程序】

```
/*example2-5.c*/
#include <stdio.h>
main()
{
    int select[6];
    int i,number;

    for (i=1; i<=5; i++)
        select[i]=0;                  /*数组必须初始化*/
    printf("Enter your number\n");
    for (i=1; i<=30; i++)
    {
        scanf("%d",&number);
        if (!number) break;           /*输入 0，则退出重输*/
        ++select[number];             /*各候选人得票数累加*/
    }
    printf("\nResult of select\n");
    for (i=1; i<=5; i++)
        printf("%4d          %d\n",i,select[i]);
}
```

输入数据：1 3 2 4 4 3 3 5 2 1 5 4 3 3 5 2 1 4 4 1 1 2 5 3 4 2 4 4 3 2

输出结果：

```
Result of select
       1         5
       2         6
       3         7
       4         8
       5         4
```

2.5.4　实验内容

1. 基础部分

(1) 从键盘上输入 10 个整数，求其中最大值和最小值及其序号。

(2) 参照案例编程。假设我们举办一次电话调查，了解人们对某一电视节目的意见，首先向每一位受调查者询问，并请他们按 1～5 的等级范围对这一电视节目做出评价。与 1000 人交谈之后，得到 1000 分答复，请编程统计前 20 分的答复所得到的电视节目评价结果。假设前 20 分答复的原始数据是：3、4、2、3、3、2、2、1、1、5、5、4、3、2、1、1、4、5、4、3。

2. 增强部分

(1) 结合动态调试改正下列程序错误，使之实现如下功能：将数组 xx(有 n 个元素)的前 k 个元素(k<=n)移到数组的尾部，变为后 k 个元素，但是数组这两段(原前 k 个元素为一段，另外的 n-k 个元素为一段)中元素的顺序不得改变。

如，输入 n 的值为 7，这 7 个数值为 1 2 3 4 5 6 7，然后再输入 k 的值 5，则输出结果为：6 7 1 2 3 4 5；

```
/*eh5-1.c*/
#include <stdio.h>
main()
{
    int n,k,xx[20];
    int i,j,t;
    printf("\nPlease enter n:");
    scanf("%d",&n);
    printf("\nPlease enter %d numbers:",n);
    for (i=0; i<n; i++)
        scanf("%d",xx[i]);
    printf("\nPlease enter k:");
    scanf("%d",&k);
    for (i=0; i<k; i++)
    {
        t=xx[0];
        for (j=1; j<20; j++)
            xx[j]=xx[j-1];
        xx[19]=t;
    }
    printf("\nAfter moving:\n");
    for (i=0; i<n; i++)
        printf("%3d",&xx[i]);
    printf("\n");
}
```

(2) 编写程序。先读入 10 个整数把它们按从小到大的次序排列起来，最后再读入一个整数 k，并将 k 插入到该整数数列中，插入后的数列仍然按从小到大的顺序排列。

提示：定义数组时要按 11 个元素进行定义，再对 10 个元素进行排序，排序完成后，读入一个待插入的数，与排序好的 10 个元素进行比较，找到插入的位置。之后的元素进行后移，数组元素后移完成后，将待插入的数值赋值到空位。

3. 提高部分

(1) 输入 10 个学生的学号(整数)和 3 门课程的成绩(整数)，统计并输出 3 门课程总分最高的学生的学号和总分(整数)。

提示：定义一个10行5列的整型二维数组(可以看做10个长度为5的一维数组)，分别用来存放10个学生的学号、成绩1、成绩2、成绩3和总分，利用循环输入10个学生的学号和三门课程的成绩，再利用循环求每个学生的总分，然后再在这个数组中找到总分最高的学生。

(2) 走迷宫问题。在古希腊的神话中，勇士泰西必须穿过一个妖怪布下的迷宫才能杀死妖怪。为了在中途不至于迷失方向，他一手持剑，一手拿一个线团，一边走一边防线。最后顺利通过了迷宫，杀死了妖怪。顺利通过迷宫，线团起了关键作用。

第一，凡是走过的路，他都铺上一条线；

第二，每遇到十字路口，朝地上没有铺线的路走；

第三，当遇到死胡同返回时，在返回的路上铺上第二条线。这样，凡是遇到铺了两条线的地方，必定是死胡同。

以上三点保证每条路最多走两次。因迷宫范围有限，能在有限步走出迷宫。即使迷宫没有出口，也能在有限步内返回入口。

提示：用二维数组a[ ][ ]表示迷宫。a[i][j]=0，迷宫格点(i,j)是墙壁；a[i][j]=1，迷宫格点(i,j)是通路。迷宫a[ ][ ]=0的入口为a[1][0]，迷宫的出口为a[n][n+1]。除入口和出口外，迷宫的四周都是墙壁。从平面图上看，每到达迷宫格点(i,j)时，就顺序查看他周围的四个格点(i,j+1)，(i+1,j), (i-1,j)和(i,j-1)。若其中有三个格点的值为0，则表示格点(i,j)是死胡同，令a[i][j]=0，以便以后不再试探该格点。否则，程序令a[i][j]=2，表示该格点已走过一次。并继续检查格点(i,j)的周围是否有未走过的格点，按东、南、西、北的顺序向未走过的格点前进一格。否则就从死胡同返回。

2.5.5 课外练习

1. 编写程序。从键盘上输入10个数存入一维数组中，然后按逆序输出。

2. 编写程序。从键盘上输入10个正整数存入一维数组中，求其中所有的素数之和并输出。

3. 编写程序。输入一个短整型数(>0)，输出每位数字，期间用逗号分隔。例如输入整数位1234，则输出为1,2,3,4。

4. 编写程序。把某月的第几天转换成这一年的第几天。

2.6 实验六 字符处理

2.6.1 实验目的和要求

(1) 掌握字符型数组的定义、初始化和数组元素的应用方法。

(2) 掌握字符、字符串的输入/输出方法。

(3) 掌握常用的字符串处理函数。

2.6.2 知识要点

字符型数组就是定义数组时，数据类型为“char”。一维字符型数组能存放一个字符串，二维字符型数组每一行都可以存放一个字符串。用字符型数组存放字符串时，最后一个字符一定是字符串结束标志 '\0'。

1. 字符型数组的定义、初始化和数组元素的引用

1) 字符型数组的定义

字符型数组的定义形式与其他数组的定义一样，形式如下：

```
char 数组名[数组长度];
```

如：

```
char c[10];
```

表示定义了一个数组名为 c，长度为 10 的字符型数组，它可以存放 10 个字符。

2) 字符型数组的初始化

字符型数组的初始化，可以按其他数组的方法，对每个元素初始化输入单个字符。如：

```
char c[20]={'I',' ','a','m',' ','C','h','i','n','e','s','e','\0'};
```

表示把 13 个字符分别赋给 c[0]～c[12] (注意空格也是字符)；如果初始值的个数小于数组的长度，则把这些字符依次赋值给前面的元素，其余元素自动为字符串结束标志 '\0'。

如果字符串长度很长，仍然用上面的方法给字符型数组初始化会很麻烦。因此，对字符串的初始化还可采用如下方法：

```
char s1[20]={"I am Chinese"};
char s2[3][20]={"abc","def","ghij"};
```

表示二维数组的第一行存放字符串 "abc"，第二行存放字符串 "def"，第一行存放字符串 "ghij"。

3) 字符型数组的引用

字符型数组的引用与其他数组的引用方式一样。

2. 字符型数组的输入和输出

1) 字符型数组的输入输出方法

字符型数组中存放的字符串可以直接输入输出。

字符型数组的输入，可以采用 scanf 函数，格式控制符为 %s，形式如：

```
scanf("%s",数组名);
```

还可以采用字符串处理函数 gets()输入字符串，形式如：

```
gets(数组名);
```

同样，对字符型数组的输出，也可以采用 printf 函数和 puts 函数，形式如下：

```
printf("%s",数组名);
puts(数组名);
```

2) scanf 和 printf 函数与 gets 和 puts 函数的区别

用%s 格式控制符 scanf 函数输入字符串时，遇到回车换行符或空格符均表示输入字符串结束，gets 函数只有在读到回车换行符时输入才结束，也就是说，如果字符串中存在空格，只能用 gets 函数输入字符串。

printf 函数与 puts 函数在输出时，只输出字符串结束标志前的所有有效字符，对于 printf()函数字符串结束标志不输出，而 puts 函数字符串结束标志转换为回车换行符。

3. 使用字符串处理函数

在 C 语言的函数库中，有一些专门用于处理字符串的函数，这些函数的功能和用法可参见书后相关附录。值得注意的是，若程序中引用了字符串处理函数，需在程序的开头加入 "#include <string.h>" 语句。

2.6.3　实验案例

【题目描述】 编写程序，将字符串 s 中的每个字符按升序的规则插到数组 a 中，假设字符串 a 已经排好序。

【算法分析与指导】 首先对字符数组进行初始化，定义数组 a 中字符是升序的，再将字符串 s 中的每个字符取出来分别与数组 a 中的每个字符逐一进行比较，找到需要插入的位置，再将此字符之后的所有字符逐一向后移，留出空位插入需要的字符。一直循环直到所有字符插入完毕。

【参考程序】

```
/*example2-6.c*/
#include <stdio.h>
#include"string.h"
main()
{
    char a[20]={"cehiknrstwy"};
    char s[]={"dbma"};
    int i,k,j;
    for (k=0; s[k]!='\0'; k++)
    {
        j=0;
        while (s[k]>=a[j]&&a[j]!='\0')
            j++;
        for (i=strlen(a); i>=j; i--)
            a[i+1]=a[i];
        a[j]=s[k];
    }
    puts(a);
}
```

运行结果：

```
abcdehikmnrstwy
```

2.6.4 实验内容

1. 基础部分

(1) 分析并验证以下程序的运行结果，并说明程序的功能。

```
/*ex6-1.c*/
#include <stdio.h>
main()
{
    char a[40],b[40];
    int i,j;

    printf("Input the string");
    scanf("%s",a);
    i=j=0;
    while (a[i]!='\0')
    {
        if (!(a[i]>='0'&&a[i]<='9'))
        {
            b[j]=a[i];
            j++;
        }
        i++;
    }
    b[j]='\0';
    printf("%s",b);
}
```

(2) 编写程序，将两个字符串连接起来，不要用 strcat 函数。

2. 增强部分

(1) 编写程序，把一串密码译成明文，密码以@表示结束。译码规则如下：

① 如果是字母，转换成字母序列的下三个字母。如 A 译成 D、B 译成 E。

② 如果是字母 Z，译成 C。

③ 无论是大小写字母，都译成小写字母。

④ 其他字符一律照原样译出。

(2) 编写程序，输入一行字符(可能包含英文字母，数字字符等其他字符)，要求统计其中单词的个数，单词只由英文字母构成。

3. 提高部分

(1) 读入一串字符行，以空行(即只键入回车符的行)结束，输出其中最长的单词。

(2) 输入两个字符串 a 和 b，判断字符串 b 是否是字符串 a 的子串，若是则输出字符串

b在字符串a中的开始位置，否则输出“不是子串”。如字符串a为"abcdef"，字符串b为"cd"，则b是字符串a的子串，位置为3。

2.6.5　课外练习

1. 编写程序，统计字符串s在字符串str中出现的次数。

例如：若输入字符串1212312345和23，则应输出2(表示字符串23出现两次)。

如输入字符串33333和33，则应输出4(表示字符串33出现四次)。

2. 编写程序，实现对键盘输入的两个字符串进行比较，然后输出两个字符串中第一个不相同字符的ASCII码之差。

3. 编写程序，从键盘接受一个字符串，判定输入的字符串是否为回文。(回文是指正序和反序字符排列方式相同的字符串，如abcdcba是回文)。

4. 编写程序，逐行输入正文(以空行结束)，从正文行中分拆出英文单词，输出一个按字典编辑顺序排列的单词表。约定单词仅由英文字母组成，单词之间有非英文字母分隔；最长单词为20个英文字母；相同单词只输出一个；大小写字母认为是不同的字母。

2.7　实验七　函数的使用

2.7.1　实验目的和要求

(1) 掌握C语言函数的定义方法、函数的声明及函数的调用方法。

(2) 掌握函数实参和形参的对应关系以及“值传递”的方式。

(3) 掌握函数嵌套调用和递归调用的方法。

(4) 掌握全局变量和局部变量、动态变量和静态变量的定义、说明和使用方法。

2.7.2　知识要点

1. 函数定义的一般形式

```
类型标识符　函数名(形参列表)
      {说明部分;
       语句部分;
      }
```

例：

```
int max(int a,int b)
{…}
```

说明：

(1) 类型标识符实际上是函数返回值的类型，可以为int, float, double, char, void和指针类型等。

(2) 函数名是由用户命名的函数的标识符，在同一个编译单位中函数名不能重复。

(3) 形参列表是用逗号隔开的一系列参数，形参的有效范围只局限于本函数内部，不能由其它任何函数调用，所以形参是局部变量。

(4) 如果该函数有返回值，则函数体中必须至少有一条返回语句“return(表达式)”。

(5) 若函数是无参函数，函数名后的括号不可省略。

(6) 注意函数名右边的括号后没有分号。

2. 函数调用的一般形式

函数名(实参表)

说明：

(1) 实参表是用逗号分隔的常量、变量、表达式或函数等。实验必须要有确定的值，以便把这些值传递给形参。

(2) 实参表和形参表在个数、类型和顺序上要一一对应，否则会发生“不匹配”的错误。

(3) 调用无参数的函数时没有实参，但注意括号不能省略。

3. 函数的返回值

函数在调用期间如遇到 return 语句，一方面函数调用将结束，程序控制将返回主调函数；另一方面 return 语句有可能返回给主调函数一个值。返回语句的一般形式如下：

```
return(表达式);
```

或

```
return  表达式;
```

或

```
return;
```

说明：

(1) 在被调函数中可以有多条 return 语句，但由于执行 return 语句后被调函数将结束，所以，实际的函数返回值只能有一个。例：

```
int max(int a,int b)
{
    if (a>b) return a;
        return b;
}
```

(2) 当函数没有指向返回值时，可以写成 return 或者不写。函数运行到 return 语句或遇到右括号后，函数调用结束并返回主调函数。

(3) 返回值的类型应该与函数类型相同，如果不相同返回值的类型会自动转换为函数类型。

4. 函数间的数据传递

在 C 语言中规定，实参对形参变量的数据传递是“值传递”。

参数传递的具体过程是：

(1) 先计算实参(表达式)的值，进入函数调用时，系统为形式参数分配存储空间，然后将实参的值传递到相应的形式参数中。

(2) 在被调函数内部，通过对形式参数的操作实现对外部数据的引用。

5. 函数的嵌套调用和递归调用

嵌套调用：C 语言中不能嵌套定义函数，但可以嵌套调用函数，也就是说可以在调用一个函数的过程中再调用另一个函数。

递归调用：是指在调用一个函数的过程中又出现直接或间接调用函数本身，递归调用的过程是非常复杂的，应特别注意函数在递归调用至满足边界条件时函数是怎样返回的，这是 C 语言学习过程中的一个难点。

6. 全局变量和局部变量

全局变量：如果在函数之外定义变量，则该变量称为全局变量(又称外部变量)。全局变量不属于任何函数，一个全局变量只能定义一次。在编译时为其分配存储空间，其作用域为定义点到文件尾。

局部变量：在一个函数或复合语句内部定义的变量是内部变量，只在本函数或复合语句范围内有效，即只能在本函数或复合语句内才能使用，作用域是“局部的”，这样的变量称为局部变量。

7. 静态变量和动态变量

静态变量：通常是指在变量定义时就分配存储单元并一直保持不变直至整个程序结束的变量。

定义格式如下：

static　数据类型　变量名;

动态变量：又称为自动变量，在程序执行过程中，需要使用它时才分配存储单元，使用完立即释放。例如函数的形式参数，在函数定义时并不给形参分配存储单元，只是在函数被调用时为其分配存储空间。

定义格式如下：

auto　数据类型　变量名;　　/*关键字 auto 可缺省*/

2.7.3　实验案例

【题目描述】 随机产生 100 以内的两位数加、减运算算术式，用来给幼儿园的儿童随堂练习。如果输入答案正确，则显示“Right!”，否则显示“error!”。每题 10 分，最后打印输出总分和做错的题数。

【算法分析与指导】 本案例中定义 add 函数，用于显示加(或减)的算式，用户输入运算结果然后比较答案是否正确，再定义 print 函数用于输出答题正确或错误的信息。主要是演示函数的定义和调用的方法。

其中，用到系统函数 rand，它在头文件 time.h 中声明，可以产生随机数。

【参考程序】

```
/*example2-7.c*/
#include <stdio.h>
#include <stdlib.h>
#include <time.h>
```

```
int Add(int a,int b,int op)
{
    int answer;

    if (op==0)
    {
        printf("%3d+%3d=",a,b);
        scanf("%d",&answer);
        if (a+b==answer)
            return 1;
        else
            return 0;
    }
    else if (op==1)
        {
            printf("%3d-%3d=",a,b);
            scanf("%d",&answer);
            if (a-b==answer)
                return 1;
            else
                return 0;

        }
}
void print(int flag)
{
    if (flag)
        printf("Right!\n");
    else
        printf("error!\n");
}
main()
{
    int a,b,op,answer,error,score,i,n;

    srand(time(NULL));   /*初始化随机数发生器*/
    error=0;
    score=0;
    printf("请输入题目数量:");
    scanf("%d",&n);
```

```
    for (i=0; i<n; i++)
    {
        a=rand()%100+1;   /*获取 1～100 的随机数*/
        b=rand()%100+1;
        op=rand()%2;    /*获取 0～1 的随机数*/
        printf("op is:%d",op);
        answer=Add(a,b,op);
        print(answer);
        if (answer==1)
            score=score+10;
        else
            error++;
    }

    printf("score=%d,error numbers=%d\n",score,error);

}
```

2.7.4　实验内容

1. 基础部分

(1) 输入以下程序并执行，观察程序的运行结果。

```
/*ex7-1.c*/
#include <stdio.h>
int a=3,b=5;
int max(int a,int b)
{
    int c;
    c=a>b?a:b;
    return(c);
}
main()
{
    printf("%d\n",max(a,b));
}
```

① 在主函数的 printf 语句前加入 int a=8;语句后重新执行，观察其运行结果。分析变量 a 的作用域，程序修改后两次调用 max 函数时的实参 a 是否为同一变量？

② 将 a=3,b=5;以及 int a=8;语句删除，主函数改为：

```
main()
```

```
{
extern int a,b;
        printf("%d\n",max(a,b));
}
int a=3,b=5;
```

运行并观察其结果。

③ 若将关键字 extern 去掉再运行，观察结果有何变化。

(2) 修改以下程序错误。求 51 以内的所有素数之和。

```
/*ex7-2.c*/
#include <stdio.h>
int Checkss(int m);
{
    int i;

    for (i=2; i<m; i++)
    {
        if (m%2=0)
            return 0;
    }
    return 1;
}
main()
{
    int i,sum;

    for (i=2; i<=51; i++)
    {
        if (!Checkss(i))
            sum+=i;
    }
    printf("The result is:%f\n",sum);
}
```

(3) 编写一个求 x 的 y 次方的函数。

【提示】

① 定义函数 float px(float x,int y)，返回值为实型，两个参数 x、y 分别为实型和整型。

② 编写一个主函数，输入 x 和 y 的值，并在主函数中输出结果。

2. 增强部分

(1) 编写函数，要求去掉字符串的所有空格。

【提示】

① 定义函数 del(char s[])，s 为存入字符串的数组。将字符串的字符从前向后依次判断，如为空格则删除，并将后面的所有字符依次前移一个位置。

② 编写一个主函数，输入字符串，并在主函数中输出结果。

(2) 编写函数计算 N!，调用该函数计算下式的值：

$$S = 1 + \frac{1}{1+4!} + \frac{1}{1+4!+7!} + \cdots + \frac{1}{1+4!+7!+\ldots+19!}$$

【提示】 定义函数 long jc(int k)用于求阶乘，分母的同阶乘和累加和，分母的数据是一个公差为 3 的等差数列，数据是有规律的。

3. 提高部分

(1) 编写函数，判断一个字符串是否是回文，如是返回 1，否则返回 -1。(回文是指这个字符串逆置后不变，如 98789)

【提示】 回文的判断算法：取第一个字符和最后一个字符进行比较，如相等再取第二个字符和倒数第二个字符比较，依次进行，如碰到一对不相等的情况，则无需进行比较就可判断此字符串不是回文，返回-1。如果比较过程中字符都相等，则该字符串是回文，返回 1。

(2) 一个自然数被 3、5、7 整除的余数分别为 m、n、k，求此数最小是几。其中 m、n、k 为已知数。

【提示】 采取穷举法一个一个的进行试探，直到找到符合要求的数。如找到满足条件的数，则返回该数，否则返回 -1。

2.7.5　课外练习

1. 写两个函数，分别求两个正整数 M，N 的最大公约数和最小公倍数，用主函数调用这两个函数并输出结果。两个正整数由键盘输入。

【提示】 先比较输入的两个数 M，N 的大小，用大数 N 除以小数 M，如余数 R=0，则 M 是最大公约数；如 $R \neq 0$，则将 M 赋给 N，R 赋给 M，直到 $R = 0$ 为此，这时 M 就是要求的最大公约数。

2. 编写函数，删除整型数组 a 中值为 x 的所有元素。

【提示】 给数组赋值时，可以以字符串的形式输入，然后将各个字符转换数字，从头开始对数组元素逐个进行比较，遇到 x 即后面的元素前移一个位置，可删除所有的 x。

2.8　实验八　指针(一)——指针的定义和引用

2.8.1　实验目的和要求

(1) 掌握指针的概念、指针变量的定义和使用。

(2) 掌握指针的运用方法。

(3) 掌握指针与函数的关系。

(4) 能正确使用字符串的指针和指向字符串的指针变量。

2.8.2 知识要点

1. 指针与指针变量的概念

变量的地址就像是一个指针指向了变量，有了指针就能找到变量，所以常把变量的地址称为“指针”。指针在 C 语言中也是一种数据类型，可以存放在一种特殊的变量中，存放变量地址(指针)的变量称为“指针变量”。

2. 指针变量的定义和使用

定义一个指针变量，然后把一个变量的地址赋给它，该指针变量就指向了该变量。指针变量的定义形式为：

基本类型　　*变量名

例 1：

```
int x,*p;
p=&x;          /*把 x 的地址作为初值赋给指针变量 p，p 指向了变量 x*/
```

例 2：

```
int a[10],*p;
p=a;          /*p 与 a 都是指向数组 a 首地址的指针*/
```

3. 指针作为函数参数

值(数值)传递时被调函数结束时，通过 return 语句只能将表达式的值传递回主调函数。

地址(地址值)传递时，不仅可以通过 return 语句将表达式的值传递回主调函数，主调函数和被调函数还可以对同一内存单元进行操作，相当于在主调函数和被调函数之间实现多值传递。

例：

```
void fun(int *a,int *b)
{int t=*a;*a=*b;*b=t;}
main()
{    int x=3,y=5;


     fun(&x,&y);
printf("%d,%d\n",x,y);
}
```

2.8.3 实验案例

【题目描述】 定义一个函数 strct 来实现两个字符串的连接。

【参考程序】

```
/*example2-8.c*/
```

```
#include <stdio.h>
void strct(char *s1,char *s2)
{
        while (*s1!='\0')
                s1++;
        while (*s2!='\0')
        {
                *s1=*s2;
                s2++;
                s1++;
        }
        *s1='\0';
}
main()
{
        char str1[100],str2[100];

        printf("输入第一个字符串");
        scanf("%s",str1);     /*或用：gets(str1);*/
        printf("输入第二个字符串");
        scanf("%s",str2); /*或用：gets(str2);*/
        strct(str1,str2);
        printf("连接后字符串为:%s\n",str1);
}
```

2.8.4　实验内容

1. 基础部分

(1) 用指针法输入 12 个数，然后按每行 4 个数输出。调试下列程序并修改错误。

```
/*ex8-1.c*/
main()
{
int j,k,a[12],*p;

for (j=0; j<12; j++)
scanf("%d",p++);
for (j=0; j<12; j++)
   {
     printf("%d",*p++);
```

```
        if (j%4==0)
            printf("\n");
    }
}
```

(2) 上机验证下列程序的运行结果，使之具有如下功能：输入 3 个整数，按由小到大的顺序输出。

```
/*ex8-2.c*/
swap(int *p1,int *p2)
{
    int p;

    p=*p1;
    *p1=*p2;
    *p2=p;
}
main()
{
    int n1,n2,n3;
    int *p1,*p2,*p3;

    printf("Input n1,n2,n3: ");
    scanf("%d,%d,%d",&n1,&n2,&n3);
    p1=&n1;
    p2=&n2;
    p3=&n3;
    if (n1>n2) swap(p1,p2);
    if (n1>n3) swap(p1,p3);
    if (n2>n3) swap(p2,p3);
      printf("The result is:%d %d %d\n",n1,n2,n3);
}
```

2. 增强部分

(1) 从键盘输入 10 个数，求出其中的最小值。

提示：定义函数 lookup(int *str,int *a,int n)查找数组 str 中的最小值，将数组中的每一个数跟第一个数进行比较，最后得到最小的数。

(2) 编写函数 change(char *s,int *p)，将字符串 s 中的数字字符转换成数字存储到整型数组 p 中，函数返回转换后的数字的个数。

提示：先检测字符是否为数字，数字的 ASCII 码值为 30H～39H，逐个判断 s 中的字符，如果是数字字符，则将其转换成数字存储到整型数组中。

2.8.5　课外练习

1. 编写函数 add(int a[4][4],int b[])，将一个 4×4 的矩阵中每列的最大值放到数组 b 中并转置。

提示：查找每列的最大值，按列进行循环判断即可。数组转置是以主对角线为中心将数值进行对称交换，即将 a[i][j]和 a[j][i]交换。

2. 有 n 个人围成一圈，顺序排号。从第 1 个人开始报数(从 1～3 报数)，凡报到 3 的人退出圈子，问最后留下的是原来的第几号。根据如图 2-13 所示 N-S 图设计程序。

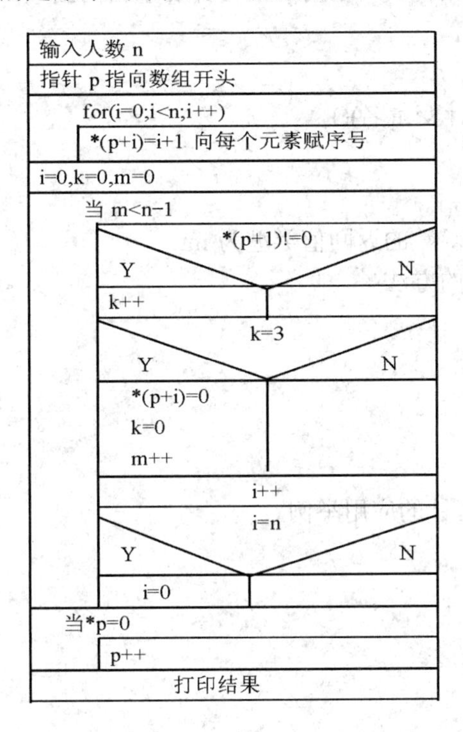

图 2-13　程序的 N-S 结构图

2.9　实验九　指针(二)——指针数组和函数指针

2.9.1　实验目的和要求

(1) 了解指向指针的指针的概念及其使用方法。

(2) 了解并能正确使用指针数组和指向函数的指针变量。

2.9.2　知识要点

1. 指针数组

指针数组是一种特殊的数组，指针数组的每个元素都是指向相同类型数据的指针，只能用来存放地址值。

格式：

数据类型 *指针数组名[常量表达式][常量表达式]…;

例：

```
char *info[2]={"yes","no"}
```

2. 函数指针

指针变量可以指向一个函数。一个函数在编译时被分配一个入口地址(函数的首地址)，这个入口地址称为函数的指针。可以用一个指针变量指向函数，然后通过该指针来调用该函数。

格式：

数据类型 (*指针变量名)()

例：

```
int (*p)();
```

表示 p 指向一个函数，该函数的返回值类型为 int。

用指针变量调用函数的方法：

```
p=函数名;
(*p)(实参表);
```

2.9.3 实验案例

【题目描述】 函数指针的应用举例。

【参考程序】

```
/*example2-9.c*/
#include <stdio.h>
#include <math.h>
#include <string.h>
double quad_poly(double);
main()
{
        double x;
        const double delta=1.0;
        const double first=0.0;
        const double last=3.0;
        double(*fx[3])(double);
        char *name[]={"quad_poly","sqrt","log"};
        int i;

        fx[0]=quad_poly;
        fx[1]=sqrt;
```

```
        fx[2]=log;
        for (i=0; i<3; i++)
        {
            printf("函数%s 的计算结果:\n",name[i]);
            x=first;
            while (x<=last)
            {
                printf("f(%lf)=%lf\n",x,fx[i](x));
                x+=delta;
            }
            printf("press any key to continue\n");
        }
    }
    double quad_poly(double x)
    {
        double a=1.0,b=-3.0,c=5.0;
        return ((x*a)*x+b)*x+c;
    }
```

说明：

程序用语句“double(*fx[3])()”定义了一个指向返回值为双精度实数的函数指针数组，并将 3 个不同的函数赋给函数指针数组。3 个函数中，“sqrt”、“log”是库函数，分别用来求实型数的开平方和对数。Name 是一个字符指针数组，指向各函数名字的字符串，用来在结果输出中输出函数名，以便区分不同函数的输出。

2.9.4　实验内容

1. 三个学生的四门课程成绩，利用二维数组 score[3][4]来存储。编写两个函数实现求所有成绩的平均值、输出最后一个学生的四门课程成绩。

【要求】

(1) 定义函数 average(float *p,int n)求平均值。

(2) 定义函数 output(float (*p)[4],int n)输出最后一个学生的各科成绩。

2. 编写函数，求出 3 × 3 矩阵对角线上的元素的最大值，并输出其所在的行和列。

【要求】

(1) 用二维数组作为函数的参数，相对应的形参用指向行的指针变量。

(2) 函数 Max(int (*p)[3])的返回值为最大值，行号和列号可以用全局变量或者指针变量带回。

2.9.5　课外练习

1. 有三个学生的四门课程成绩，如果四门课程成绩中有不及格的成绩，则输出该学生的成绩单。编写函数 float *output(float (*point)[4])，返回函数指针。

【提示】用二维数组存储三个学生的成绩 score[3][4]，在主函数中输出满足条件的学生成绩单。

2. 编写函数 char *fun(char *s)，输出字符串中最长的单词。

【提示】定义指针变量 p，指向已经判断出的最长的单词，定义整型变量 n 存储最长单词的长度，如后面的单词长度有比 n 大的，则 p 指向该单词，n 变为该单词的长度，直到所有的都判断完。

2.10 实验十 结构体和联合体

2.10.1 实验目的和要求

(1) 理解结构体类型、联合体类型的概念，掌握它们的定义形式。

(2) 掌握结构体类型和联合体类型变量的定义和变量成员的引用形式。

(3) 了解内存的动态分配、链表的概念和基本操作。

2.10.2 知识要点

1. 结构体类型变量

结构体是一种复合的数据类型，它允许用其它数据类型构成一个结构类型，而一个结构体类型变量内的所有数据可以作为一个整体进行处理。

与数组相同，一个结构体也是若干数据项的集合，但数组中的所有元素都只能是同一类型的，而结构体中的数据项可以是不同类型。

1) 结构体类型的定义

格式：

```
struct 结构体标识名
{
  类型    成员变量名 1;
  类型    成员变量名 2;
  类型    成员变量名 3;
  …
};
```

例：定义一个“学生”的结构体数据类型

```
struct student
{
    int num;
    char name[10];
    int age;
```

```
    char sex;
    float score[3];
};
```

2) 结构体成员的引用

引用结构体变量时通常是对结构体变量中的各个成员分别引用，对结构体的引用，大部分的操作都是引用结构体内的成员来完成。

结构体成员的引用方式有两种：通过“.”运算符引用和“->”运算符引用。例如：

结构体变量.成员名;

结构体变量指针->成员名;

例 1：

```
struct student s;
s.name="张三";
```

例 2：

```
struct  student  a,s,*p;
p=&a;
s.name="张三";
p->name=s.name;
p->age=19;
```

2. 联合体(共用体)类型变量

联合体变量各成员共用同一存储单元，在某一时间，该存储单元只能供某成员使用。联合体与结构体存在着明显的区别：首先，联合体各个成员的首地址是相同的，而结构体则不一样。其次，结构体类型变量占用的存储空间是它的各个成员所占存储空间之和，而联合体类型变量所占存储空间为它的最大成员所占存储空间。

注意：不能在定义联合体类型变量时对它进行初始化。

1) 联合体类型的定义

格式：

```
union 联合体标识名
{
    成员列表;
};
```

例：

```
union u
{
    int x;
    char str[3];
};
```

2) 联合体成员的引用

联合体的引用方法与结构体相同，形式如下：

联合体成员的引用方式有两种：通过“.”运算符引用和“->”运算符引用。例如：

联合体变量.成员名;

联合体变量指针->成员名;

例：

```
union u    a,s,*p;
p=&a;
a.str[1]='r';
p->str[2]='q';
```

3. 链表

链表是将若干个数据项通常为结构体变量按地址链接在一起就形了链表。它具有以下三个特点：

① 链表是一种常用的数据结构，它可以动态的进行存储分配。

② 链表的连接原则是：若前一结点中的指针指向了下一结点，则通过前一结点就可以找到下一个结点。

③ 为了确定链表中的第一个结点，需设置指向第一个结点的指针(即头指针)；为了标识链表的结束，需要把最后一个结点的指针值设置为 NULL(即空指针)。

定义格式：

```
struct student
{
    int num;
    int score;
    struct student *next;
};
struct student *head,*p;
head=NULL;
p=(struct student *)malloc(sizeof(struct student));
p->next=head;
head=p;
```

2.10.3 实验案例

【题目描述】 设计一个保存学生情况的结构体，学生信息包括姓名、学号、年龄。输入 5 个学生的情况，输出学生的平均年龄和年龄最小的学生情况。要求输入和输出分别编写独立的输入函数 input()和输出函数 output()。

【算法分析与指导】 将学生姓名、学号和年龄定义为一个 stu 结构体类型，使每个学生的各项数据组合成一个整体进行操作。即有 N 名学生，则需要 N 个 stu 结构本类型变量，定义一个结构体数组用来存放 N 个学生的信息。

【参考程序】

```
/*example2-10.c*/
```

```
#include <stdio.h>
#define N 5   /*定义学生人数 N 为 5*/
struct stu     /*定义结构体类型 stu*/
{
    char name[10];
    long num;
    int age;
}student[N];
input()         /*用于输入学生数据*/
{
    int i;
    for (i=0; i<N; i++)
    {
        printf("\n 输入第%d 个学生的姓名、学号和年龄:\n",i+1);
        scanf("%s %ld %d",student[i].name,&student[i].num,&student[i].age);
    }
}
output()        /*用于输出学生数据*/
{
    int i,k;
    int little_age;                    /*定义最小年龄的变量*/
    float sum_age=0,avg_age=0;   /*定义总年龄和平均年龄变量*/

    little_age=student[1].age;
    for (i=0; i<N; i++)
    {
        sum_age+=student[i].age;
        if (little_age>student[i].age)
        {
            little_age=student[i].age;
            k=i;                       /*记录最小年龄学生在数组中的位置*/
        }
    }
    avg_age=sum_age/N;              /*求平均年龄*/
    printf("\n 学生的平均年龄为:%f\n",avg_age);
    printf("年龄最小学生的学生信息为: %s\t%ld\t%d\n", student[k].name, student[k].num,
student[k].age);
}
main()
```

```
{
    input();
    output();
}
```

【输入】

输入第 1 个学生的姓名、学号和年龄:
李小路 16101 19
输入第 2 个学生的姓名、学号和年龄:
刘军 16102 20
输入第 3 个学生的姓名、学号和年龄:
张宁 16103 18
输入第 4 个学生的姓名、学号和年龄:
赵明 16104 19
输入第 5 个学生的姓名、学号和年龄:
胡剑平 16105 21

【输出结果】

学生的平均年龄为：19.400000
年龄最小学生的学生信息为：张宁 16103 18

2.10.4 实验内容

1. 基础部分

(1) 从键盘上输入 3 个学生的学号、姓名和 3 门课的成绩，输出每个学生的姓名和 3 门课成绩的平均值。

【提示】 定义结构体 student 如下，包含 4 个成员：num 表示学号，name[20]表示姓名，score[3]表示成绩，avg 表示平均成绩。

```
struct student
{
    int num;
    char name[20];
    int score[3];
    float avg;
};
```

(2) 给出 5 个职工的姓名及编号，将编号从小到大排序，相应职工姓名也同时调整。上机运行并验证程序。

【提示】 定义结构体 person 包含 2 个成员：num 表示编号，name[20]表示姓名。

```
struct person
{
    int num;
```

```
        char name[20];
    };
```

【参考程序】

```
/*ex10-2.c*/
#include <stdio.h>
struct person
{
    int num;
    char name[20];
};
void sort(struct person *p,int n)
{
    int i,j;
    struct person c;

    for (i=1; i<n; i++)
    {
        c=p[i];
        j=i-1;
        while (j>=0&&p[j].num>c.num)
        {
            p[j+1]=p[j];
            j--;
        }
        p[j+1]=c;
    }

}
main()
{
    struct person psn[5]={103,{"张三"},105,{"李四"},104,{"王五"},102,{"赵六"},101,{"帅七"}};
    int i;
    struct person *p;

    p=psn;
    sort(p,5);
    for(i=0;i<5;i++)
        printf("编号=%d,姓名=%s\n",psn[i].num,psn[i].name);
}
```

2. 增强部分

(1) 现有教师(姓名、单位、年龄、职称)和学生(姓名、班级、性别、入学成绩)的信息。请输入 10 名教师和学生的信息，然后分别按照年龄和入学成绩从大到小进行排序，最后按排过序后的顺序进行输出。

【提示】 定义结构体 teach(成员有姓名、单位、年龄、职称)和 stu(成员有姓名、班级、性别、入学成绩)，选择一种排序算法进行排序。

(2) 从键盘输入 3 个人的姓名和电话号码，编程实现根据姓名或电话号码进行查询的功能。

【提示】 定义结构体 per，包含成员：name[20]表示姓名，phone[20]表示电话码。姓名和电话号码的比较可使用字符串库函数 strcmp()实现，增加头文件#include <string.h>。另外要求输入 1 表示根据姓名进行查询，输入 2 表示根据电话号码进行查询，输入 0 表示结束。

3. 提高部分

建立长度为 n 的单向链表，结点包括学生的姓名、学号、班级、性别，根据学生的学号进行查询。

【提示】 定义结构体 node(成员有 name[20]姓名,num[20]学号,cls[10]班级,sex[10]性别)，函数定义 tb *find(tb *head,char number[])，head 为链表的头结点，number[]为要查找的学生学号，返回值为指向学生的结点的指针，如找不到则为空指针。

【关键代码】

```
/*eh10-5.c*/
#include <stdio.h>
#include <string.h>
typedef struct node
{
        char name[20];
        char num[20];
        char cls[10];
        char sex[10];
        struct node    *link;
}tb;
tb *creat(int n)
{
        int i;
        tb *head,*q;

        head=(tb*)malloc(sizeof(tb);
        head->link=0;
        for (i=0; i<n; i++)
```

```
        {
            q=(tb*)malloc(sizeof(tb));
            printf("输入第%d 个学生姓名,学号,班级,性别:",i);
            scanf("%s",q->name);
            scanf("%s",q->num);
            scanf("%s",q->cls);
            scanf("%s",q->sex);
            q->link=head->link;
        }
        return head;
}
tb *find(tb *head,char number[])
{
        tb *p;

        p=head->link;
        while (p!=0)
        {
            if (strcmp(p->num,number)==0)
                return p;
            else
                p=p->link;
        }
        return 0;
}
```

2.10.5　课外练习

1. 分析程序，上机验证结果。程序功能：建立一个链表，每个节点包括：学号、姓名、性别、年龄。输入一个年龄，如果链表中的节点所包含的年龄等于此年龄，则将此节点删去。

【参考程序】

```
/*sup1-1.c*/
#include <stdio.h>
#include <stdlib.h>
#define NULL 0
#define LEN sizeof(struct student)
struct student
{
```

```
    char num[10];
    char name[20];
    char sex[10];
    int age;
    struct student *next;
}stu[10];
main()
{
    struct student *p,*pt,*head;
    int i,length,iage,flag=1;
    int find=0;         /*找到待删除元素 find=1，否则 find=0*/

    while (flag==1)
    {
        printf("Input length of list(<10):");
        scanf("%d",&length);
        if (length<10)
            flag=0;
    }

    /*建立链表*/
    for (i=0; i<length; i++)
    {
        p=(struct student*)malloc(LEN);
        if (i==0)
            head=pt=p;
        else
            pt->next=p;
        pt=p;
        printf("NO:");
        scanf("%s",p->num);
        printf("name:");
        scanf("%s",p->name);
        printf("sex:");
        scanf("%s",p->sex);
        printf("age:");
        scanf("%d",&p->age);
    }
    p->next=NULL;
```

```
p=head;

/*显示*/
printf("\n NO.        name        sex          age\n");
while (p!=NULL)
{
        printf("%4s%8s%6s%8d\n",p->num,p->name,p->sex,p->age);
        p=p->next;
}

/*删除*/
printf("Input age:");
scanf("%d",&iage);   /*输入待删除年龄*/
pt=head;
p=pt;
if (pt->age==iage)   /*链头是待删除元素*/
{
        p=pt->next;
        head=pt=p;
        find=1;
}
else /*链头不是待删除元素*/
{
        pt=pt->next;
}
while (pt!=NULL)
{
        if (pt->age==iage)
        {
                p->next=pt->next;
                find=1;
        }
        else                    /*中间节点不是待删元素*/
                p=pt;
        pt=pt->next;
}
if (!find)
        printf("Not find %d.",iage);
p=head;
```

```
        printf("\nNO.      name      sex      age\n");
        while (p!=NULL)
        {
            printf("%4s%8s%6s%8d\n",p->num,p->name,p->sex,p->age);
            p=p->next;
        }
    }
```

2. 利用结构体类型建立一个链表，每个节点包含的成员项为：职工号、工资和链接指针。要求编程完成以下功能：① 从键盘输入各节点的数据，然后将各节点的数据打印输出。② 插入一个职工的节点数据，按职工号的顺序插入在链表中。③ 从上述链表中，删除一个指定职工号的节点。

2.11 实验十一 编译预处理

2.11.1 实验目的和要求

(1) 掌握宏定义(带参数的宏定义、不带参数的宏定义)命令及其使用。

(2) 了解条件编译的定义形式和应用。

(3) 了解文件包含的形式和应用。

2.11.2 知识要点

C 编译器在编译源程序前，要由预处理程序对源文件中的预处理指令进行分析和处理(称为“预处理”)，之后再进行正式编译形成目标代码。预处理程序提供了一些编译预处理指令和预处理操作符。预处理指令都要由“#”开头，每个预处理指令必须单独占一行且不能用分号结束，它可以出现在程序文件中的任何位置。

C 语言提供的预处理指令主要有三种形式：宏定义、文件包含和条件编译。以下分别介绍。

1. 宏定义

1) 不带参数的宏定义

一般形式为：

```
#define 宏名 字符串
```

它的作用是在编译预处理时，将源程序中的所有“宏名”替换成右边的“字符串”，常用来定义符号常量。如：

```
#define PI 3.1415926
```

通常宏名用大写字母，以别于变量名。

需要注意的是，在编译预处理用字符串替换宏名时，不作语法检查，只是简单的字符串替换。只有在编译时，才对已经替换宏名的源程序进行语法检查。

2) 带参数的宏定义

一般形式为：

```
#define 宏名(参数列表) 字符串
```

其中，宏定义中的参数称为形参，在宏调用中给出的参数称为实参。

在编译预处理时，将源程序中所有“宏名(实际参数列表)”替换成字符串，并且将字符串中的参数列表用宏名右边实际参数列表中的参数替换。如若定义了宏为：

```
#define average(a,b) ((a)+(b)/2)
```

则，程序中的调用语句

```
x = average(10, 4);
```

在编译预处理时，会被替换成：

```
x = (10+4)/2;
```

使用时需注意的是，带参数的宏在展开时，只作简单的字符和参数替换，不进行计算操作。所以在定义宏时，一般用小括号括住字符串的参数，并且计算结果也用括号括起来：a+b 要写成((a)+(b))；

3) 宏定义与函数的区别

从整个使用过程可以发现，带参数的宏定义，在源程序中出现的形式与函数很像。但是两者是有本质区别的，具体表现在以下三个方面。

(1) 宏定义不涉及存储空间的分配、参数类型匹配、参数传递、返回值问题。

(2) 函数调用在程序运行时执行，先依次求出各个实参的值，然后才执行函数的调用。而宏替换只在编译预处理阶段进行，宏调用仅作替换，不做任何计算。所以带参数的宏比函数具有更高的执行效率。

(3) 多次调用同一个宏时，要增加源程序的长度；而对同一个函数的多次调用，不会使源程序变长。

2. 条件编译

用条件编译指令可以实现某些代码在满足一定条件时才参与编译，这样我们就可以利用条件编译指令将同一个程序在不同的编译条件下生成不同的目标代码。

条件编译指令有 5 中形式：

1) 第一种形式

```
#if 常量表达式
    程序段        /*当“常量表达式”为非零时本程序段参与编译*/
#endif
```

2) 第二种形式

```
#if 常量表达式
    程序段 1      /*当“常量表达式”为非零时本程序段参与编译*/
#else
    程序段 2      /*当“常量表达式”为零时本程序段参与编译*/
#endif
```

3) 第三种形式

```
#if 常量表达式 1
    程序段 1      /*当"常量表达式 1"为非零时本程序段参与编译*/
elif 常量表达式 2
    程序段 2      /*当"常量表达式 1"为零、"常量表达式 2"为非零时
                     本程序段参与编译*/
...
elif 常量表达式 n
    程序段 n      /*当"常量表达式 1"、…、"常量表达式 n-1"均为零、
                   "常量表达式 n"非零时本程序段参与编译*/
#else
    程序段 n+1    /*其他情况下本程序段参与编译*/
#endif
```

4) 第四种形式

```
#ifdef 宏标识符
    程序段 1
#else
    程序段 2
#endif
```

或

```
#if defined(宏标识符)
    程序段 1
#else
    程序段 2
#endif
```

如果“宏标识符”经#defined 定义过，则编译程序段 1，否则编译程序段 2。

5) 第五种形式

```
#ifndef 宏标识符
    程序段 1
#else
    程序段 2
#endif
```

或

```
#if !defined(宏标识符)
    程序段 1
#else
    程序段 2
#endif
```

如果“宏标识符”未被定义过，则编译程序段 1，否则编译程序段 2。

需注意的是，#if 和 #elif 后面的条件必须是常量表达式(或是已定义过的宏)，不能含有变量。因为条件编译是在编译之前做的判断，宏定义也是编译之前定义的，而变量是在运行时才产生、才有使用的意义。

3. 文件包含

其实我们早就接触过文件包含这个指令，就是#include。#include 指令也叫文件包含指令，用来将另一个源文件的内容嵌入到当前源文件的该点处。一般就用此指令来包含头文件。#include 指令有两种使用形式：

- 第一种形式：

  #include <文件名>

这种形式是在引用的文件名前后加尖括号，系统在编译时直接到 C 语言库函数头文件所在的目录(即在 C 语言系统安装目录的 include 子目录)中查找尖括号中标明的文件，通常叫做按标准方式搜索。

- 第二种形式：

  #include "文件名"

此形式是在引用的文件名前后加双引号，系统会先在源程序当前目录下寻找该文件，若找不到再按标准方式搜索。

文件包含命令 #include 的使用需注意以下几点：

① #include 指令允许嵌套包含，比如 a.h 包含 b.h，b.h 包含 c.h，但是不允许递归包含，比如 a.h 包含 b.h，b.h 包含 a.h。

② 使用 #include 指令可能导致多次包含同一个头文件，降低编译效率。解决办法是把函数声明写在这段代码中间：

```
#ifndef _文件名_H_
#define   _文件名_H_
    函数声明代码
#endif
```

③ #include 命令可出现在程序中的任何位置，通常放在程序的开头。

④ 允许在文件名前加路径，例如：#include "c:\\my\\my.h"。

2.11.3 实验案例

【题目描述】 试编程，从键盘输入圆柱体的底圆半径和高，计算出该圆柱体的底面面积、表面积及其体积。要求将计算底面面积、表面积、体积的函数先存入头文件 headfile.h 中。再编写另一个 C 程序源文件 example2-11.c，在该程序中调用定义好的宏来进行计算。

【算法分析与指导】 先用一个文件 headfile.h 包含用#define 命令定义宏，然后再在自己的文件中用#include 命令将 headfile.h 文件包含进来进行编译。

【参考程序】

```
/*headfile.h 文件的内容*/
#define PR printf              /*定义宏 PR 代替 printf，减少输入*/
```

```
#define PI 3.1415926        /*定义宏 PI 代表圆周率*/
#define BOTAREA(r) (PI*(r)*(r))              /*调用已定义的宏 PI，计算底面积*/
#define SURAREA(r,h) (2*PI*(r)*((h)+(r)))    /*计算表面积*/
#define VOL(r,h) (PI*(r)*(r)*(h))            /*计算体积*/

/*example2-11.c 文件的内容*/
#include <stdio.h>
#include "headfile.h"   /*包含自定义的头文件*/

main()
{       float r,h;
        printf("请输入底面半径和高：");
        scanf("%f,%f",&r,&h);
        #ifdef PI     /*用条件编译判断宏是否已定义*/
              PR("该圆柱体的底面积=%f\n",BOTAREA(r));      /*调用带参数的宏*/
              PR("表面积=%f\n",SURAREA(r,h));
              PR("体积=%f\n",VOL(r,h));
        #else
              PR("尚未定义计算方法，不能计算。\n");
        #endif

        return 0;
}
```

【运行结果】

```
请输入底面半径和高：6.5,4
该圆柱体的底面积=132.732287
表面积=428.827390
体积=530.929149
```

2.11.4 实验内容

1. 基础部分

(1) 输入程序，观察运行结果并分析。

```
/*ex11-1.c*/
#include "stdio.h"
#define   ADD(x)   x+x
int main( )
{  int    m=1,n=2,k=3,sum;
   sum=ADD(m+n)*k;
```

```
        printf("sum=%d",sum);
        return(0);
    }
```

若将程序的第一行改为：

```
#define ADD(x) (x+x)
```

再次运行程序，观察程序运行结果有何变化，分析一下这是为什么？

(2) 编制程序，用宏来定义圆周率 PI 的值，并利用 PI 计算圆的周长 c 和面积 s。(圆的周长 $c = 2\pi R$ 和面积 $s = \pi R^2$)

2. 增强部分

(1) 源程序改错题。下面是用宏来计算平方差、交换两数的源程序，这个源程序中存在若干语法和逻辑错误。要求在计算机上对该程序进行调试修改，使之能够正确完成指定任务。

```
/*eh11-1.c*/
#include "stdio.h"
#define SUM a+b
#define DIF a-b
#define SWAP(a,b)    a=b,b=a
void main
{
int b,t;
    printf("Input two integers a, b:");
    scanf("%d,%d",&a,&b);
    printf("\nSUM=%d\n the difference between square of a and square of b is:%d",SUM,
SUM*DIF);
    SWAP(a,b);
    printf("\nNow a=%d,b=%d\n",a,b);
}
```

(2) 编程，通过用带参的宏定义从 3 个数中找出最大值。主函数完成数据输入、宏调用及数据输出。

3. 提高部分

(1) 三角形的面积是 $area = \sqrt{s(s-a)(s-b)(s-c)}$，其中 $s = (a+b+c)/2$，a,b,c 为三角形的三边，定义两个带参数的宏，一个用来求 s，另一个用来求 $area$。编写程序，输入三角形的三条边长，然后使用带参数的宏来计算三角形的面积。

(2) 用宏和条件编译方法来编写程序实现以下功能：输入一行电报文字，可以任意选两种输出：(1)按原文输出；(2)将字母变换成下一个字母的大小写(如小写‘a’变成大写‘B’，小写‘z’变成大写‘A’，大写‘D’变成小写‘e’，大写‘Z’变成小写‘a’)，其他字符不变。

【提示】 用 #define 命令控制是否要译成密码，例如，#define CHANGE 1 则输出变换后的文字，若 #define CHANGE 0 则原文输出。

2.11.5 课外练习

1. 从键盘连续输入若干行字符串，直到按下<ESC>键(其 ACSII 码为 0x1B)时结束输入，并将各字符串中的所有大写英文字母都转换成小写字母再输出。要求将大写英文字母都转换成小写字母的算法用宏来定义。

2. 定义宏 DTOH 将数字 0～9 转换成相应的大写汉字“零”～“玖”。从键盘输入任意金额数，将其转换成相应的用大写汉字表示的金额输出。如输入：25564135.65，输出为：贰仟伍佰伍拾六万肆仟壹佰叁拾伍元陆角伍分。

2.12 实验十二 位运算

2.12.1 实验目的和要求

(1) 加深对二进制的认识，了解如何用 C 语言对二进制数进行按位操作。

(2) 理解位运算的概念，以及各种位运算的功能、规则，学会采用适当的位运算修改数据的某些位。

(3) 了解位段的概念和位段类型数据的引用形式。

2.12.2 知识要点

1. 位运算及位运算符

位运算是指按二进制数据位进行的运算。在计算机程序中，数据的位是可以操作的最小数据单位，理论上可以用“位运算”来完成所有的运算和操作。一般的位操作是用来控制硬件的，或者做数据变换使用，但是，灵活的位操作可以有效地提高程序运行的效率。C 语言提供了 6 个位操作运算符。这些运算符只能用于整型操作数，即只能用于带符号或无符号的 char、short、int 与 long 类型。

C 语言提供的位运算符列表

运算符	含义	描　述
&	按位与	如果两个相应的二进制位都为 1，则该位的结果值为 1，否则为 0
|	按位或	两个相应的二进制位中只要有一个为 1，该位的结果值为 1
^	按位异或	若参加运算的两个二进制位值相同则为 0，否则为 1
~	取反	~是一元运算符，用来对一个二进制数按位取反，即将 0 变 1，将 1 变 0
<<	左移	将一个数的各二进制位全部依次左移若干位，低位补 0，高位舍弃不要
>>	右移	将一个数的各二进制位依次右移若干位，低位被移出，高位对无符号数补 0，对有符号数要按最高符号位自身填补(即右移后符号不变)

注意：其中的位移操作(左移或右移)的操作数必须小于操作数的位长度，否则结果为随机值。

另外，位运算符也可以和复制运算符组合，形成位运算的复合赋值运算符：&=(位与赋值)、|=(位或赋值)、∧= (位异或赋值)、>>= (按位右移赋值)、<<= (按位左移赋值)。

例如：a>>=2 等价于 a=a>>2。

2. 位域

为了节省存储空间，并使处理简便，C 语言还提供了一种数据结构，称为“位域”或“位段”。

所谓“位域”，是把一个字节中的二进位划分为几个不同的区域，并说明每个区域的位数。每个域有一个域名，在程序中允许按域名进行操作。这样就可以把几个不同的对象用一个字节的二进制位域来表示。

1) 位域的定义

位域定义与结构定义相仿，形式为：

```
struct 位域结构名
{ 位域列表 };
```

其中，位域列表的形式为：类型说明符 位域名：位域长度。

例如：

```
struct bs
{
    int a:8;
    int b:2;
    int c:6;
};
```

说明位域结构 bs 共占两个字节。其中位域 a 占 8 位，位域 b 占 2 位，位域 c 占 6 位。

由此可以看出，在本质上位域就是一种结构类型，不过其成员是按二进位分配的。同时需要注意，一个位域必须存储在同一个字节中，不能跨两个字节。如一个字节所剩空间不够存放另一位域时，应从下一单元起存放该位域。

2) 位域的使用

位域的使用和结构成员的使用相同，一般形式为：

位域变量名·位域名

位域允许用各种格式输出。

如：若声明位域变量为 struct bs bit，则可作如下形式的使用：

```
bit.a=1;  /*分别给三个位域赋值(应注意赋值不能超过该位域的允许范围)*/
bit.b=7;
bit.c=15;
printf("%d,%d,%d\n",bit.a,bit.b,bit.c);  /*以整型量格式输出三个域的内容*/
```

2.12.3 实验案例

【题目描述】请编写函数 getbits 从一个 16 位的单元中取出以 n1 开始至 n2 结束的某几位，起始位和结束位都从左向右计算。并编写主函数调用 getbits 进行验证。

【算法分析与指导】 假设 x 为该 16 位(两个字节)单元中的数据值，n1 为欲取出的起始位，n2 为欲取出的结束位。

如：getbits(0101675，5，8)表示对八进制 101675 这个数，取出它从左面起的第 5 位到第 8 位。结果应该为八进制的 3，分析如下表：

x 的八进制：	1	0			1			6			7			5		
x 的二进制：	1	0	0	0	0	0	1	1	1	0	1	1	1	1	0	1

即从左边取第 5 到第 8 位为：0011(对应的八进制数为 3)。

至于在程序中怎么取出这 4 个位数呢？可以这样考虑，把除了这 4 位数以外的其它所有位都置为 0，即前 4 位数(即 n1-1 位数)和后 8 位数(即 16-n2 位数)变为 0，然后把整个数往右边移动 8 位(16-n2 位)即可，如下表。

原数 x：	1	0	0	0	0	0	1	1	1	0	1	1	1	1	0	1
保留 5 到 8 位：	0	0	0	0	0	0	1	1	0	0	0	0	0	0	0	0
右移 8 位后：	0	0	0	0	0	0	0	0	0	0	0	0	0	0	1	1

如何把一个数的前 4 位和后 8 位置为 0 呢？先定义一个变量 z = ~0，即 z=65535，然后让 z=(z>>4)&(z<<8)，再执行原数 x=x&z 就可以了，如下表。

z：	1	1	1	1	1	1	1	1	1	1	1	1	1	1	1	1
z>>4：	0	0	0	0	1	1	1	1	1	1	1	1	1	1	1	1
z<<8：	1	1	1	1	1	1	1	1	0	0	0	0	0	0	0	0
z=(z>>4)&(z<<8)	0	0	0	0	1	1	1	1	0	0	0	0	0	0	0	0
x：	1	0	0	0	0	0	1	1	1	0	1	1	1	1	0	1
x=x&z	0	0	0	0	0	0	1	1	0	0	0	0	0	0	0	0

【参考程序】

```
/*example2-12.c*/
main()
{     unsigned x;                                  /*定义无符号整型数 x*/
      int n1,n2;                                   /*定义取出开始位 n1 和结束位 n2*/

      printf("请输入一个八进制数 x：");
      scanf("%o",&x);                              /*输入 x(以八进制形式输入)*/
      printf("请输入起始位 n1，结束位 n2：");
```

```
        scanf("%d,%d",&n1,&n2);                    /*输入 n1 和 n2*/
        printf("%o",getbits(x,n1-1,n2));           /*调用函数求取出的数并且输出*/
}

getbits(unsigned value,int n1,int n2)              /*函数定义*/
{       unsigned z;

        z=~0;                                      /*给 z 所有位置为 1，即 z=65535*/
        z=(z>>n1)&(z<<(16-n2));                    /*让 z 的 n1 到 n2 位以外置为 0 */
        z=value&z;       /*让 value 的 n1 到 n2 位以外置为 0，并且赋给变量 z*/
        z=z>>(16-n2);                              /*变量 z 右移 16-n2 位*/
        return(z);
}
```

程序运行：

在用户屏幕的提示下输入数据如下：

请输入一个八进制数 x：0101675↙

请输入起始位 n1，结束位 n2：5，8↙

运行结果：3

2.12.4　实验内容

1. 基础部分

(1) 分析程序，预测输出结果，上机检验你的预测。

```
/*ex12-1.c*/
#include<stdio.h>
main()
{   int n=11,x=0,t;

        while(n!=0)
        {
              t=n%2;
              x=x*2+t;
              n=n/2;
        }
        printf("x=%d\n",x);
}
```

运行后输出为 x=__________。

(2) 从终端读入一个十六进制无符号整数 m，试编程将整数 m 对应的二进制数循环右移 n 位，并输出移位前后的内容。

2. 增强部分

(1) 写一个函数，以八进制的形式输入一个整数，取出其对应的 16 位二进制数的奇数位(即从左边起第 1、3、5、…、15 位)，并将这些奇数位组成新的数并以八进制的形式输出。

例如：

输入八进制数：145432

用二进制表示为： 1 1 0 0 1 0 1 1 0 0 0 1 1 0 1 0

取其奇数位得到： 1 0 1 1 0 0 1 1

用八进制表示为： 2 6 3

(2) 信息的简单加密传输：对输入的字符串，将每个字符对应 ASCII 码的高 4 位与低 4 位对调并分别异或某个密钥(整数)后变为无符号整数传输，解密则是将获得的整数按加密过程进行逆运算，还原成可读的原字符串。试编程模拟上述的加密过程。

测试样例：

输入信息串：I am in guilin. ↙

输入密钥：16↙

加密过程输出：

串对应的 ASCII 码(十进制)：

73 32 97 109 32 105 110 32 103 117 105 108 105 110 46

串对应的 ASCII 码(二进制)：

01001001 00100000 01100001 01101101 00100000 01101001 01101110 00100000 01100111 01110101 01101001 01101100 01101001 01101110 00101110

二进制高低字节对调：

10010100 00000010 00010110 11010110 00000010 10010110 1110110 00000010 01110110 01010111 10010110 11000110 10010110 11100110 11100010

异或密钥后的二进制：

10000100 00010010 00000110 11000110 00010010 10000110 11110110 00010010 01100110 01000111 10000110 11010110 10000110 11110110 11110010

异或密钥后的十进制整数(传输)：

132 18 6 198 18 134 246 18 102 71 134 214 134 246 242

2.12.5 课外练习

1. 奇偶校验是为防止在信号传输过程中出现误码所做的操作，它的实验方法是：在需要传输的有效信息位以外再加上一个校验位组成校验码。校验位的取值(0 或 1)将使整个校验码中 1 的个数为奇数或偶数，所以有两种可供选择的校验规律：

奇校验——整个校验码(有效信息位和一个校验位)中 1 的个数为奇数

偶校验——整个校验码(有效信息位和一个校验位)中 1 的个数为偶数

计算机在进行大量字节(数据块)传送时，不仅每一个字节有一个奇偶校验位做横向校验，而且全部字节的同一位也设置了一个奇偶校验位做纵向校验，这种横向、纵向同时校验的方法称为交叉校验。如：

	a7	a6	a5	a4	a3	a2	a1	a0	校验位
第 1 字节	1	1	0	0	1	0	1	1	→ 1
第 2 字节	0	1	0	1	1	1	0	0	→ 0
第 3 字节	1	0	0	1	1	0	1	0	→ 0
第 4 字节	1	0	0	1	0	1	0	1	→ 0
	↓	↓	↓	↓	↓	↓	↓	↓	
校验位	1	0	0	1	1	0	0	0	

交叉校验可以纠正一位错误。若发现两位同时错误的情况，假设第 2 字节的 a6，a4 两位均出错，第 2 字节的横向校验位无法检查出错误，但第 a6，a4 位所在位的纵向校验位会显示出错。

你的任务是，对于输入的交叉奇偶校验码，计算至少有几位出错。

输入：第一行为两个数字 m 和 n (2≤m，n≤100)，分别是校验码的行数和列数，之后是 m 行，每行由 n 个 0 或 1 组成。横纵均为偶校验。

输出：最少出错的位数。

测试用例：

输入样例：

```
7 13
1 1 1 1 0 0 1 0 1 0 1 0 1
1 0 1 0 1 1 0 0 1 1 1 0 1
0 0 1 1 1 0 0 1 1 1 0 1 1
1 1 1 0 0 0 0 1 1 0 0 0 1
1 0 1 0 0 1 1 0 0 0 1 0 1
0 0 0 0 1 1 1 1 0 1 1 0 0
0 0 1 0 1 1 1 1 0 1 0 1 1
```

输出结果是：0

2.13　实验十三　文件

2.13.1　实验目的和要求

(1) 掌握文件和文件指针的概念以及文件的定义方法。

(2) 学会使用文件打开、关闭、读、写、定位等文件操作函数。

(3) 了解文件的读写方式，如顺序读写文件、随机读写文件。

(4) 了解将不同数据(如简单变量数据、数组数据、结构体类型数据)写入或读出文件的方法。

2.13.2 知识要点

1. 文件及其分类

所谓“文件”，是指一组相关数据的有序集合。计算机内的数据是以文件的形式存放在外部介质(如磁盘)上的。为了区分不同文件，必须给每个文件赋予标识名，称为文件名。文件名由 3 个部分组成：

[盘符:][路径][文件名]

从不同的角度可对文件作不同的分类。文件主要分为磁盘文件和设备文件、顺序文件和随机文件、文本文件和二进制文件等。

其中，文本文件也称为 ASCII 文件，这种文件在磁盘中存放时每个字符对应一个字节，用于存放对应字符的 ASCII 码。例如，字符串“5678”的存储形式为：

字符：	5	6	7	8
	↓	↓	↓	↓
ASCII 码：	00110101	00110110	00110111	00111000

共占用 4 个字节。文本文件的内容可在屏幕上按字符直接显示出来。也可用“记事本”等工具直接对文件的内容进行读写。

二进制文件是按二进制的编码方式来存放文件的。例如，十进制数 5678 的存储形式为：00010110 00101110 只占二个字节。二进制文件虽然也可在屏幕上显示，但其内容无法读懂。

C 系统在处理这些文件时，并不区分类型，都可看成是字符流，按字节进行处理。输入/输出字符流的开始和结束只由程序控制而不受物理符号(如回车符)的控制。因此也把这种文件称作“流式文件”。

2. 文件类型及文件型指针

文件指针：在 C 语言中，用一个指针变量指向一个文件，这个指针即称为文件指针。通过文件指针可对它所指向的文件进行各种操作。

定义说明文件指针的一般形式为：

FILE* 指针变量标识符;

文件类型 FILE 在“stdio.h”头文件中有定义，它是由系统定义的一个结构，该结构中含有文件名、文件状态和文件当前位置等信息，其中 FILE 应为大写。在编写源程序时不必关心 FILE 结构的细节。例如：

```
FILE *fp;
```

表示 fp 是指向 FILE 结构的指针变量，通过 fp 即可找存放某个文件信息的结构变量，然后按结构变量提供的信息找到该文件，实施对文件的操作。习惯上笼统地把 fp 称为指向一个文件的指针。

在操作处理 C 文件时，程序只须与指向该文件的文件指针打交道，而不必直接面向磁盘文件，从而方便了用户。

文件的打开与关闭：文件在进行读写操作之前先要打开，使用完毕要关闭。打开文件实际上是建立文件的各种有关信息，并使文件指针指向该文件以便进行其它操作。关闭文件则是断开指针与文件之间的联系，禁止再对该文件进行操作。

C 语言规定，对标准的输入/输出设备在进行数据的读写操作时，对它的打开和关闭是由系统完成的，即不必事先打开设备文件，操作完成后也不必关闭设备文件。而对磁盘文件的操作，则需要用户去打开和关闭它。

3. 常用文件操作函数

在 C 语言中，文件操作一般都是由库函数来完成的，使用这些函数都要求包含头文件 stdio.h。本书的附录中列出了主要的文件操作函数，供同学们使用时进行查阅。

文件操作通常都需要通过三大步骤：打开文件→读/写文件和处理数据→关闭文件。而且，若文件不能打开，则不能执行文件读写和关闭的相关指令，因此程序中常见如下的编写形式：

```
……
if ((fp=fopen(……))==NULL)
{
    printf(“不能打开文件。\n”);
    return;
}
……
(文件读/写操作)
……
fclose(fp);
……
```

2.13.3 实验案例

【题目描述】 编写一个程序，把 12 个整型数存入一个名为“file1.dat”的文件中。从磁盘上读入该文件中的数据，并用文件中的前 6 个数和后 6 个数分别作为两个 2*3 矩阵的元素。求这两个矩阵的和，并把结果按每行 3 个数据的方式写入“file2.dat”文件中。

【参考程序】

```
/*example2-13.c*/
#include "stdio.h"
main()
{
    FILE *fp1,*fp2;                              /*定义文件指针*/
    int i,j,k,x;
    int a[2][3],b[2][3],c[2][3];
```

```
    if((fp1=fopen("c:\\file1.dat","w+"))==NULL)       /*判断文件 file1.dat 是否可以读写打开*/
    {
        printf("can not open file1.dat");
        exit(0);
    }
    printf("inut 12 integer:\n");
    for(i=0;i<12;i++)                                 /*输入 12 个数到文件 file1.dat */
    {
        scanf("%d",&x);
        fprintf(fp1,"%d\t",x);
    }
    rewind(fp1);                                      /*重置文件指针到文件开头*/
    for(j=0;j<2;j++)                                  /*从文件 file1.dat 读前 6 个数给矩阵 a*/
        for(k=0;k<3;k++) fscanf(fp1,"%d",&a[j][k]);
    for(j=0;j<2;j++)                                  /*从文件 file1.dat 读后 6 个数给矩阵 b*/
        for(k=0;k<3;k++) fscanf(fp1,"%d",&b[j][k]);
    if((fp2=fopen("c:\\file2.dat","w"))==NULL)        /*判断文件 file2.dat 是否可以读写打开*/
    {
        printf("can not open file2.dat");
        exit(0);
    }
    for(j=0;j<2;j++)                                  /*求矩阵 a 和矩阵 b 的和，放到矩阵 c*/
    {
        for(k=0;k<3;k++)
        {
            c[j][k]=a[j][k]+b[j][k];
            fprintf(fp2,"%d\t",c[j][k]);              /*把矩阵 c 中各元素的值输入到 file2.dat */
        }
        fprintf(fp2,"\n");
    }
    fclose(fp1);                                      /*关闭文件*/
    fclose(fp2);                                      /*关闭文件*/
}
```

2.13.4　实验内容

1．基础部分

(1) 试运行如下程序，从键盘输入 3 个学生的数据(包括学号、姓名、年龄和家庭地址)，将它们存入文件 student.dat 中。

```
/*ex13-1.c*/
#include <stdio.h>
#define SIZE 3
struct student /*定义结构*/
{
    long num;
    char name[10];
    int age;
    char address[10];
} stu[SIZE], out;

void fsave ( )
{
    FILE *fp; int i;

    if((fp=fopen("student", "wb"))== NULL)      /*以二进制写方式打开文件*/
    {
        printf("Cannot open file.\n");          /*打开文件的出错处理*/
        exit(1);                                /*出错后返回，停止运行*/
    }
    for(i=0;i<SIZE;i++)                         /*将学生的信息写入文件*/
        if(fwrite(&stu[i],sizeof(struct student),1,fp) != 1 )
            printf("File write error.\n");      /*写过程中的出错处理*/
    fclose(fp);                          /*  关闭文件*/
}

int main()
{
    FILE *fp; int i;

    for(i=0;i<SIZE;i++)                  /*从键盘读入学生的信息(结构) */
    {
        printf("Input student %d:",i+1);
        scanf("%ld%s%d%s", &stu[i].num,stu[i].name,&stu[i].age,stu[i].address);
    }
    fsave();                             /*调用函数保存学生信息*/
    return 0;
}
```

程序运行后查看是否生成 student.dat,并用一般的文本编辑工具(如:记事本)查看 student.dat 中的数据。

(2) 编写程序，读出上述 student.dat 中的数据，将它们输出到屏幕，每行输出一个学生的数据，并且统计学生的平均年龄。

2. 增强部分

(1) 统计上题 cj.dat 文件中每个学生的总成绩，并将原有数据和计算出的总分数存放在磁盘文件”stud.dat”中。

程序运行后查看是否生成 stud.dat, 并用文本编辑工具(如:记事本)查看 stud.dat 中的数据是否正确。

(2) 先利用文本编辑工具(如：记事本)输入 10 个人的成绩(英语、计算机、数学)，存放格式为：每人一行，成绩间由逗号分隔，并将数据保存到文件 cj.dat 中。然后用 C 语言编程读出该文件的内容，并计算三门课的平均成绩，统计个人平均成绩大于或等于 90 分的学生人数。

3. 提高部分

(1) 用 C 语言编程实现如下功能：从键盘输入若干个职工的数据(包括职工姓名、职工号、性别、年龄、住址、工资、健康状况、文化程度等内容)，将它们写入 emploee 文件中。再编写一段程序，从 emploee 文件中读出数据，并将职工名和工资的信息单独建立一个简明的职工工资文件，同时在屏幕上输出。

(2) 设计一个模拟登录程序，运行时要求从键盘输入账号和密码，检索 users.dat 文件中是否存在该账号，然后按如下不同情况分别进行处理：

① 若不存在该账号则要求先注册账号和设置密码，并将账号和密码串加密后存入 users.dat 文件中，每个账号占一行，账号和密码之间用逗号分开。加密规则是：将账号和密码串的每一个字符与 0x6a 进行异或运算变成另一个字符。

② 若存在该账号，则将其和 users.dat 中解密(解密和加密采用同样的算法)得到的帐号和密码进行比较，如果两者一致则显示“登录成功”，否则显示“登录失败”。

2.13.5 课外练习

1. 编写一个简易的文本编辑器，实现对文件文本的插入、删除等编辑操作，同时可以利用“Del”键、“Backspace”键、“Home”键、“End” 键、“↑”、“↓”、“←”、“→”方向移动键实现对输入文本的全屏幕编辑，实现文件的“打开”、“保存”、“另存为”与“退出”功能。

2. 文件内容统计：输入一页文字(也可从网页或其他文件转存)，存储到磁盘文件中，文件内容由多行文字内容构成，每行最多不超过 80 个字符。编制程序按如下要求对文件的内容进行相关统计。

要求：

(1) 统计整篇文章总字符数；

(2) 分别统计出其中中文字符、英文字母、数字、空格的个数；

(3) 统计某一单词(由用户键盘输入)在文章中出现的次数。

2.14 实验十四 综合程序设计

2.14.1 实验目的和要求

(1) 利用学过的C语言编程的基本知识，综合顺序、分支、循环结构和函数，以及数组、指针、结构体和共用体、文件等进行编程，较全面地掌握C语言的知识。

(2) 初步掌握输入、输出、查找、排序的编程方法。

(3) 逐步掌握C语言编程基本方法和技能。

(4) 加强学生对软件工程方法的初步认识，提高软件系统分析能力和程序文档建立、归纳总结的能力，培养学生利用系统提供的标准函数及典型算法进行程序设计。

2.14.2 知识要点

综合程序设计往往需要面对较复杂的问题，开发解决复杂问题的程序建议采用“自顶向下，逐步细化，模块化设计”的方法，将实际问题一步步分解成有层次又相互独立的子任务，直至它们变成一个个功能简单，明确，又相互独立的模块。

当一个程序较大时，可将一个程序根据其功能合理地划分为几个部分，每个部分单独成为一个源文件，这些文件通过全局变量或函数相联系。并且将每个小源程序以程序文件(文件扩展名为 .C)的形式保存在磁盘上。如图2-14所示。然后将这些文件添加到统一个工程(Project)文件中进行统一用编译器进行编译和链接，得到最后的可执行文件。

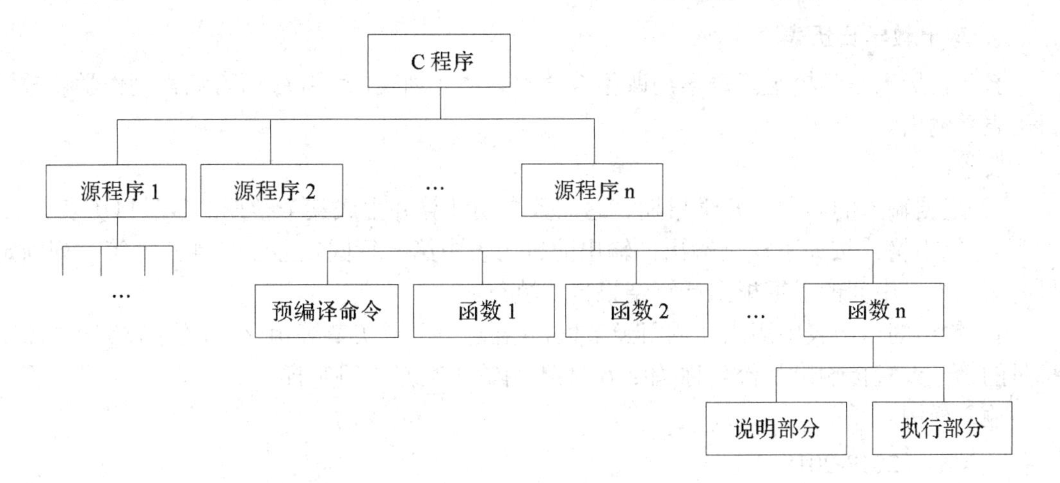

图2-14 多文件C程序的组成

另外，也可以采用如下“文件包含”的方法将多个源程序文件组合成一个完整的应用程序。假设一个程序分成了A1.c和A2.c两个源文件。

A2.c 文件中定义了函数 A2()：

```
#include <string.h>
void A2Fun()
{
    ...
}
```

A1.c 中的 main()函数调用 A2()函数，则 A1.c 写成：

```
#include <stdio.h>
#include "A2.c"    /*include 预处理命令*/
main()
{
    ...
    A2Fun ();   /*调用 A2.c 中定义的函数*/
    ...
}
```

这样，编译器就会根据#include 预处理命令，将 A1.c 文件中该预处理命令出现的行用 A2.c 文件的内容进行改写，得到一个合并的源文件后再进行编译和链接，最终产生可执行的程序。

需要指出的是，在多个文件中一定要注意全局变量。静态全局变量以及函数的使用，以免产生错误。

2.14.3 实验内容

从以下题目中任意选一题完成。

1. 输出教学日历表

教学日历表是学校组织每学期课程教学的具体计划表，运用 C 语言编程制作学校教学日历表并输出。

要求：

① 根据输入的学期、开学日期、总周数自动计算并生成某个学期的教学日历表。

② 输出格式按如下样例输出，输出的日历表中第一行固定显示星期几，第一列固定显示第几周，中间的日期根据计算结果自动填充。

③ 输出的日历表中周六、周日及节假日(五一节、国庆节等)用不同的字体突出标识；每月的第一天直接输出月份名称(如：6 月)不用输出某月 1 日字样。

输入样例：

学期：2017-2018_2

开学时间：2018/3/5

总周数：20

输出样例：

桂林电子科技大学教学日历

2017—2018 学年第二学期

周	一	二	三	四	五	六	日
1	2018.3.5	6	7	8	9	10	11
2	12	13	14	15	16	17	18
3	19	20	21	22	23	24	25
4	26	27	28	29	30	31	4月
5	2	3	4	5	6	7	8
6	9	10	11	12	13	14	15
7	16	17	18	19	20	21	22
8	23	24	25	26	27	28	29
9	30	5月	2	3	4	5	6
10	7	8	9	10	11	12	13

周	一	二	三	四	五	六	日
11	14	15	16	17	18	19	20
12	21	22	23	24	25	26	27
13	28	29	30	31	6月	2	3
14	4	5	6	7	8	9	10
15	11	12	13	14	15	16	17
16	18	19	20	21	22	23	24
17	25	26	27	28	29	30	7月
18	2	3	4	5	6	7	8
19	9	10	11	12	13	14	15
20	16	17	18	19	20	21	22

2. 编制排班系统

某生产车间有 12 名员工，编号为：001、002、003、…、012。由于工作需要，在生产旺季取消了周末公休日，即周一至周日均要上班，因此需要实行员工轮休制度。每天安排两人休息，一星期中每人只能休息一天。每个员工可以预先自行选择一个自认为合适的休息日。请编制程序，打印轮休的所有可能方案。尽可能做到使每个人都满意，保证排班的公平性。

3. 编制学生课程信息管理程序

一个班的学生(不超过 50 人)，每个学生的数据包括学号、姓名、五门课(英语、高数、马哲、计算机、电子技术)的成绩，要求从键盘输入此数据，按总分从高到低的顺序保存到 cj.dat 中(格式见附表 1)，并按学号从小到大的顺序打印出每门课程的成绩表(格式见附表 2)以及总分最高分的学生的数据(包括学号、姓名、各门课的成绩、平均分数)。

要求：用 input 函数输入学生数据；用 PrintScore(x)函数打印出课程 x 的成绩表；用 max 函数找出最高分学生数据；最高分的学生的数据在主函数中输出。

附表 1：cj.dat 文件内容格式(按总分排序)

每个学生的数据占一行，每一行的格式为：

　　学号，姓名，英语，高数，马哲，计算机，电子技术

如：02030405,林之虎,62,71,75,82.5,78

　　02030401,顾明,78.5,72,68,86,64

　　02030412,唐晓芙,82,86,78,75,80.5

附表 2：每门课程的成绩表格式(按学号排序)，如：

　课程名称：高数

　--

　　学号　　姓名　　成绩

```
------------------------------------
02030401    顾明      72
02030405    林之虎    71
02030412    唐晓芙    86
……          ……        …
------------------------------------
```

全班成绩统计：平均分：70.5

90～100 分(优)： 5 人 占 10%

80～89 分(良)： 14 人 占 28%

70～79 分(中)： 16 人 占 32%

60～69 分(及格)：10 人 占 20%

0～59 分(不及格)：5 人 占 10%

4. 编制职工档案管理程序

用 C 语言编制某单位的职工档案管理程序(职工不超过 200 人)，每个职工档案的基本数据项包括职工号、姓名、性别、年龄、部门、住址、基本工资、文化程度等，其他项目可根据需要自行设定。

要求在程序中用不同的函数完成以下各功能要求：

(1) 从键盘输入此数据，并按职工号从小到大的顺序保存到文件 zgzl.dat 中(格式自定，但要包含以上各项信息)。

(2) 可根据职工姓名查找并输出该职工的档案。

(3) 可按部门打印出某个部门的职工工资表(包含职工号、姓名、基本工资等项)，并查找出全厂中基本工资最高的职工和基本工资最低的职工。

(4) 打印全厂职工的年龄分布情况(包括<35 岁、36～45、46～55、>55 岁各年龄段的人数)。

5. 编程实现矩阵运算

设有两个矩阵 $A = (a_{ij})_{m\times n}$，$B = (b_{ij})_{p\times q}$，用 C 语言编程实现矩阵的如下各种操作。

(1) 分别编写函数 Input_MAT 和 Output_MAT 实现矩阵数据的输入和输出。

(2) 求矩阵的转置，矩阵的转置 $A^T = (a_{ji})_{n\times m}$，转置前输出原矩阵，转置后输出转置矩阵。

(3) 求矩阵 A、B 的和。矩阵 A 和 B 能够相加的条件是：m=p，n=q。若矩阵 A 和 B 不能相加，请给出提示信息；若能够相加，则进行求和计算并输出结果矩阵 C。

$$C = A + B = (C_{ij})_{m\times n},\quad 其中\ C_{ij} = a_{ij} + b_{ij}$$

(4) 求矩阵 A、B 的差。矩阵 A 和 B 能够相减的条件是：m = p，n = q。若矩阵 A 和 B 不能相减，请给出提示信息；若能够相减，则进行求差计算并输出结果矩阵 D。

$$D = A - B = (D_{ij})_{m\times n},\quad 其中\ D_{ij} = a_{ij} - b_{ij}$$

(5) 求矩阵 A、B 的积。矩阵 A 和 B 能够相乘的条件是：p=n。若矩阵 A 和 B 不能相乘，请给出提示信息；若能够相乘，则进行求积计算并输出结果矩阵 E。

$$E = A\times B = (E_{ij})_{m\times q},\quad 其中\ E_{ij} = \sum a_{ik}\times b_{kj},\ k = 1,2,\cdots,n$$

(6) 设计一个菜单，具有矩阵输入、矩阵输出、求转置矩阵、求矩阵的和、求矩阵的差、求矩阵的积等基本功能。在做矩阵的各种操作(如转置、求和等)前应检查矩阵数据是否已经输入，若尚未输入则要求先输入两个矩阵的数据再进行相应的操作。

6. 文本检索程序

读出一个包含多个段落的文本文件内容(可事先用“记事本”建立，也可从网页或其他文件转存)，建立对应的数据结构表示，实现一个类似于编辑器(如记事本、word 等)中“查找”某个单词或字符串、统计输入单词的词频以及统计段落的单词数等功能。

要求：

(1) 对于用户提交的单词查询请求，返回所有匹配单词的位置(如第*段第*个单词)。

(2) 输入一个段落号，统计该段落的单词数。

(3) 输入一个单词，统计该单词的词频(在文件中出现的次数)。

2.14.4　课外练习

1. 编制程序，实现单项选择题标准化考试系统的设计。

功能要求：

(1) 用文件保存试题库。(每个试题包括题干、ABCD 四个候选答案、标准答案)。

(2) 试题录入：可随时增加试题到试题库中。

(3) 试题抽取：每次从试题库中可以随机抽出 N 道题(N 由键盘输入)。

(4) 答题：用户可实现输入自己的答案。

(5) 自动判卷：系统可根据用户答案与标准答案的对比实现判卷并给出成绩。

(6) 采用菜单操作界面，并在源程序要有适当的注释，使程序容易阅读。

(7) 学生可视情况自行增加新功能模块。

2. 设计一个帮助学生背诵英文单词的系统。要求用户可以选择背诵的词库，并可以编辑自己的词库内容；系统可以给出中文，让学生输入其英文意思；也可输出英文让学生输入中文意思。并判定词义是否正确，如不正确给出提示并要求用户重新输入，如正确给以鼓励。还应有词语预览功能。

用菜单显示如下基本功能，并实现相应功能的设计：

(1) 词库的维护(可增加，至少要有 100 个单词)。

(2) 词语预览(显示中英文单词)。

(3) 显示中文用户输入英文的背诵方法。

(4) 显示英文用户输入中文的背诵方法。

(5) 统计并输出测试学生的背诵成绩记录。

第三部分　典型程序设计案例分析

学习C语言程序设计的最终目的，是能够用C语言在计算机上实现设计者的设计思想并解决实际问题。而学习C程序设计，最好的方法是在理解程序设计语言基本理论的基础上，从阅读、模仿别人的程序开始，循序渐进，由“知”到“悟”，逐步体会程序设计的基本思想和方法，直到自己能独立编程，最终编写出能解决实际问题的计算机程序。为此，本节内容安排了若干个典型问题的程序设计应用案例，展示其按照软件工程的思想，从系统分析、设计到编码实现的应用程序开发全过程，并做简要的分析和点评。通过案例分析，帮助同学们掌握C语言程序设计与开发方法、过程和问题的处理技巧。

3.1　图书管理系统

【问题描述】

图书管理系统是一个可以对馆藏图书信息进行录入、删除、修改和查询的管理应用软件，图书信息包括：书号、书名、作者名、出版时间、价格，借阅次数等。设计一个图书管理系统，并采用以菜单方式工作，密码登陆。

【问题分析】

本案例应用结构体数组存储图书信息，通过对结构体数组的操作实现对书籍信息的录入、删除、修改、查询等功能。

为简化程序设计，定义全局变量 booknum 用于保存图书的总数量，全局数组变量 book[N]用于保存全部图书信息。

系统总体框图如图3-1所示。

系统运行后，程序先自动从磁盘文件 books.dat 中读取上次存储的图书信息并存入结构体数组 book[N]，之后的程序操作均针对此结构体数组的数据进行操作。系统退出前，再将最新的图书数据保存到磁盘文件 books.dat 中供下次使用。这样就避免了每次运行数据都要从键盘输入图书资料的麻烦。

为方便用户使用，程序中设计了多级选择菜单。用户在主菜单中选择相应的功能后系统会进入下一级子菜单，分别实现对书籍信息的录入、删除、修改和查询等功能。当所选操作结束后，系统会返回到上一级菜单界面，继续进行其他操作。

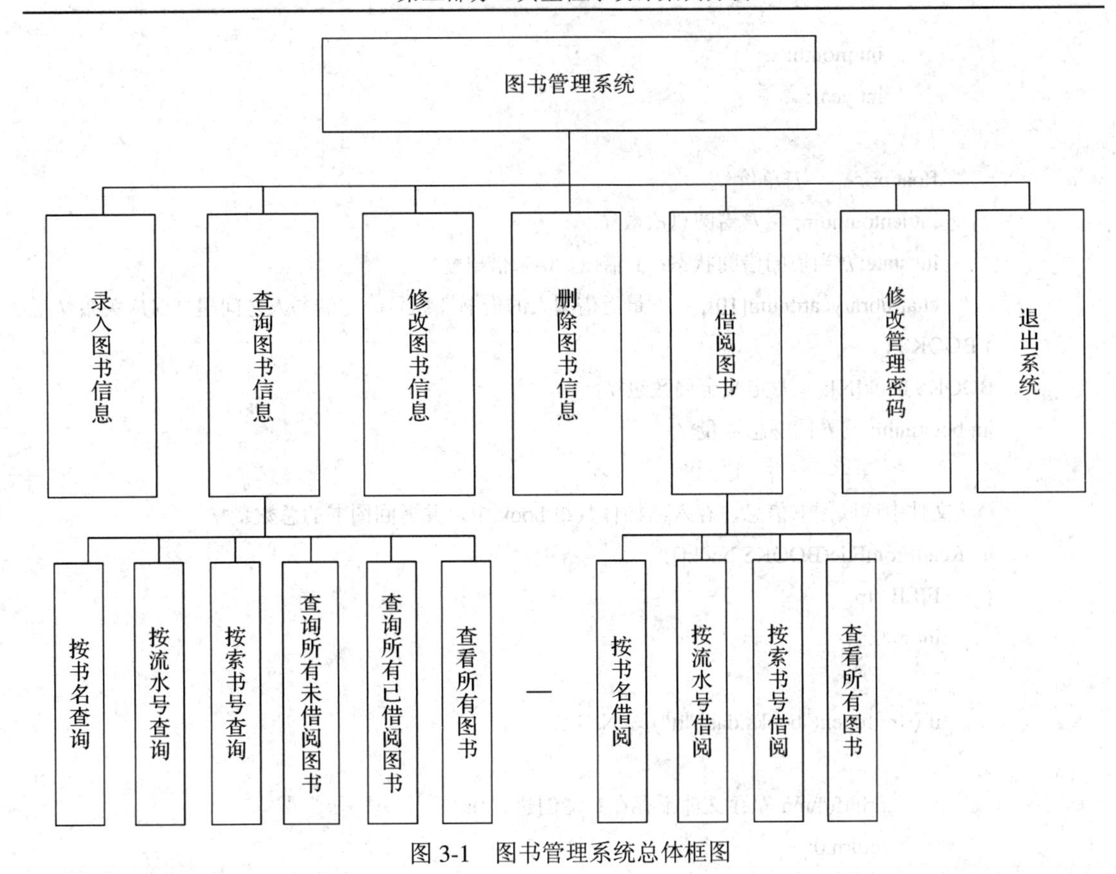

图 3-1　图书管理系统总体框图

【参考程序】

```
/*instance1.c*/
#include "stdio.h"
#include "conio.h"
#include "string.h"
#include "stdlib.h"
char password0[20]="mm";   /*预设密码，实际应用中可加密存于文件中*/
#define N 10000   /*定义最大的图书总数量*/
/**********定义图书结构体类型 book*******/
typedef struct
{
    long num;     /*编号(流水号)*/
    char searchcode[15];     /*索书号*/
    char name[20];     /*书名*/
    char author[20];     /*  作者/编者*2 */
    char publish[20];     /*出版社*/
    struct time     /*出版时间*/
    {
        int day;
```

```
            int month;
            int year;
        } t;
        float price;     /*单价*/
        int lentoutnum;     /*借阅总次数*/
        int state; /*当前的借阅状态：1-借出，0-未借出*/
        char librarycardnum[10];     /*最近借阅人的借书证编号，与借书人之间建立对应关系*/
} BOOKS ;
BOOKS book[N];     /*定义全局数组*/
int booknum;     /*图书总数量*/

/*从文件中读取图书信息，存入结构体数组 book 中，并返回图书的总数量*/
int ReadFromFile(BOOKS book[])
{       FILE *fp;
        int n=0;

        if ((fp=fopen("books.dat","rt"))==NULL)
        {
            printf("\n\n 库存文件不存在！请创建。");
            return 0;
        }
        while (!feof(fp))
        {
            fread(&book[n],sizeof(BOOKS),1,fp);
            if (book[n].num<0)
                break;
            else
                n++;
        }
        fclose(fp);
        return (n);
}

/*将图书信息存入文件 book.txt 中*/
void SaveToFile(BOOKS book[], int n)
{       FILE *fp;
        int i;

        if ((fp=fopen("books.dat","wt"))==NULL)
```

```
    {
        printf("写文件错误!\n");
        return;
    }
    for (i=0; i<n; i++)
        if (fwrite(&book[i],sizeof(BOOKS),1,fp)!=1)
            printf("写文件错误!\n");
    fclose(fp);
}

/*输入/修改图书各项数据*/
int InputBookItems(int index)
{   int xnum;
    printf("\t\t 图书流水号(输入 0 结束输入):");     scanf("%d", &xnum);
    if (xnum==0) return 1;
    book[index].num=xnum;
    printf("\t\t 索书号:");     scanf("%s",book[index].searchcode);
    printf("\t\t 书名:");       scanf("%s",book[index].name);
    printf("\t\t 作者:");       scanf("%s",book[index].author);
    printf("\t\t 出版社:");     scanf("%s",book[index].publish);
    printf("\t\t 出版时间(年月日之间用短线"-"分隔):");
    scanf("%d-%d-%d", &book[index].t.year, &book[index].t.month, &book[index].t.day);
    printf("\t\t 单价:");       scanf("%f",&book[index].price);
    return 0;
}

/*建立图书信息库*/
int InputBooksInfo()
{
    system("CLS");
    printf("\t\t     ======================     \n");
    printf("\t\t           录入图书信息           \n");
    printf("\t\t     ======================     \n\n");
    while (1)
    {
        printf("\t\t-请输入第%d 本书的资料-\n",booknum+1);
        if (InputBookItems(booknum)==1) break;
        book[booknum].lentoutnum=0;
        book[booknum].state=0; /*默认未被借阅*/
```

```
            book[booknum].librarycardnum[0]='\0'; /*默认借阅证号为空串*/
            printf("-----------------------------------------------------------------\n");
            booknum++; /*图书总数*/
        }
        system("CLS");
        printf("\t\t        ====================== \n");
        printf("\t\t           信息录入完成         \n");
        printf("\t\t        ====================== \n");
        printf("\n\t\t          按任意键继续...\n");
        return (booknum);
}

/*管理员密码验证*/
int verify()
{       char password[20];/*用来存放用户输入的密码*/

        printf("\n\n\n\n");
        printf("\t\t================================\n");
        printf("\t\t|        欢迎光临图书管理系统          |\n");
        printf("\t\t================================\n");
        printf("\n");
        printf("\t\t      请输入密码:");
        scanf("%s",password);
        if (strcmp(password,password0)==0)/*比较密码*/
            return 1;
        else
            return 0;
}

/*修改密码*/
void ChangePassword()
{       char password[20],password1[20],password2[20];
        /* password 用来存放用户输入的密码，password1,password2 分别用来存放用户输入的两
次修改的密码*/

        printf("\n");
        printf("\t\t        ======================  \n");
        printf("\t\t               修改密码         \n");
        printf("\t\t        ======================  \n");
```

```
        printf("\n");
        printf("\t\t          请输入原始密码:");
        scanf("\t\t%s",password);
        while (1)
        {
            if (strcmp(password,password0)==0) /*比较密码*/
            {
                printf("\t 请输入新密码:");
                scanf("%s",password1);
                printf("\t 请再输入一次:");
                scanf("%s",password2);
                if (strcmp(password1,password2)==0)     /*如果输入的两次新密码都相同*/
                {
                    printf("\t 修改密码成功!!请记牢密码,任意键返回...");
                    strcpy(password0,password1);
                    getch();
                    break;
                }
                else
                {
                    printf("\t 输入两次密码不相同，修改失败!任意键返回...");
                    getch();
                    break;
                }
            }
            else
            {
                printf("\t 密码错误!您不能进行密码修改!任意键返回...");
                getch();
                break;
            }
        }
    }

    /*输出某一本图书的信息，因要频繁使用故定义成函数供调用*/
    void show_a_book(int k, int flag)
    {
        if (!flag) /*flag==0 输出列表标题行*/
            printf("   编号   索书号         图书名称         作者         出版社         出版时间      单价
```

```
状态\n");

        printf("%-5d %-12s %-8s %-10s %-10s    %4d 年%2d 月  %.2f ",
            book[k].num, book[k].searchcode, book[k].name, book[k].author,
            book[k].publish, book[k].t.year, book[k].t.month, book[k].price);
        if (book[k].state==0)
            printf("未借阅\n");
        else
            printf("已借阅\n");
    }

    /*查看所有图书*/
    void show_all_book()
    {       int i;

        if (booknum==0)
            printf("\t 数据不存在，请先录入数据!\n\t\t 按任意键返回...");
        else
        {
            for (i=0; i<booknum; i++) show_a_book(i,i);
        }
        printf("\n\t\t 按任意键返回...");
        getch();
    }

    /*按书名查询*/
    void showbook_name()
    {       int i,k=0;     /*k 用来表示查找的图书数量*/
        char book_name[20];

        printf("\t\t        =====================    \n");
        printf("\t\t                按书名查询                \n");
        printf("\t\t        =====================    \n");
        printf("\n\t\t 请输入您要查询的图书名称:");
        scanf("%s",book_name);
        for (i=0; i<booknum; i++)
            if (strcmp(book_name,book[i].name)==0)
            {
                show_a_book(i,k);
```

```
                k++;
            }
        if (k==0)    /*k 值为零则表示未找到图书*/
            printf("\t 不存在该书!");
        printf("按任意键返回...");
        getch();
}

/*按图书流水号查询*/
void showbook_num()
{       int book_num,i,k=0; /*k 用来表示查找的图书数量*/

        printf("\t\t        =====================     \n");
        printf("\t\t              按图书流水号查询            \n");
        printf("\t\t        =====================     \n");
        printf("\n\t\t 请输入您要查询的图书流水号:");
        scanf("%d",&book_num);
        for (i=0; i<booknum; i++)
            if (book_num==book[i].num)
            {
                show_a_book(i,k);
                k++;
            }
        if (k==0) /*k 为零则表示未找到图书*/
            printf("\t 不存在该书!");
        printf("按任意键返回...");
        getch();
}

/*按索书号查询*/
void showbook_searchcode()
{       int i,k=0;     /*k 用来表示查找的图书数量*/
        char book_scode[15];

        printf("\t\t        =====================    \n");
        printf("\t\t                按索书号查询             \n");
        printf("\t\t        =====================    \n");
        printf("\n\t\t 请输入您要查询的图书索书号:");
        scanf("%s",book_scode);
```

```
        for (i=0; i<booknum; i++)
            if (strcmp(book_scode,book[i].searchcode)==0)
            {
                show_a_book(i,k);
                k++;
            }
        if (k==0)    /*k值为零则表示未找到图书*/
            printf("\t不存在该书!");
        printf("按任意键返回...");
        getch();
}

/*显示全部已借阅的图书*/
void LentoutBooks()
{       int i,k=0;

        if (booknum==0)
            printf("\t数据不存在，请先录入数据!\n\t\t按任意键返回...");
        else
        {
            for (i=0; i<booknum; i++)
                if (book[i].state==1)    /*已借阅*/
                {
                    show_a_book(i,k);
                    k++;
                }
            if (k==0)
                printf("\n\t\t目前没有任何书借出。按任意键继续...");
        }
        getch();
}

/*显示全部未借阅的图书*/
void notborrowed()
{       int i,k=0;

        if (booknum==0)
            printf("\t数据不存在，请先录入数据!\n\t\t按任意键返回...");
        else
```

```
	{
		for (i=0; i<booknum; i++)
			if (book[i].state==0) /*未借阅*/
			{
				show_a_book(i,k);
				k++;
			}
		if (k==0)
			printf("\n\t 很遗憾！目前所有的书都被借出了。按任意键继续...");
	}
	getch();
}

/*查询图书菜单*/
void show()
{	int x;

	do {
		system("cls");
		printf("\n\n\n\n");
		printf("\t\t|------------------------------|\n");
		printf("\t\t|                              |\n");
		printf("\t\t|    ======================    |\n");
		printf("\t\t|        查询图书信息          |\n");
		printf("\t\t|    ======================    |\n");
		printf("\t\t|                              |\n");
		printf("\t\t|      1.按书名查询            |\n");
		printf("\t\t|      2.按流水号查询          |\n");
		printf("\t\t|      3.按索书号查询          |\n");
		printf("\t\t|      4.查询所有未借阅图书    |\n");
		printf("\t\t|      5.查询所有已借阅图书    |\n");
		printf("\t\t|      6.查看所有图书          |\n");
		printf("\t\t|                              |\n");
		printf("\t\t|      0.返回主菜单            |\n");
		printf("\t\t|------------------------------|\n");
		printf("\n\t\t 请输入您的选择:");
		scanf("%d",&x);
		system("cls");
		switch(x)
```

```
        {
            case 1 : showbook_name(); break; /*按书名查询*/
            case 2 : showbook_num(); break;    /*按流水号查询*/
            case 3 : showbook_searchcode(); break; /*按索书号查询*/
            case 4 : notborrowed(); break;      /*查询未借阅图书*/
            case 5 : LentoutBooks(); break;    /*查询已借阅图书*/
            case 6 : show_all_book(); break; /*查看所有图书*/
        }
    } while (x!=0);
}

/*检测借书证号码的有效性*/
int validcard(char no[])
{
    /*有效性应检测借书证是否属于本馆、图书是否在有效期内、是否结束数量超出限制等项，
    本实例在此简化为仅检测输入的借书证号是否为空串。*/
    if (strlen(no)==0)
        return 0;
    else
        return 1;
}

/*借阅图书，返回 0 为借阅成功，否则失败*/
int borrowbook(int book_index)
{   char jy[2],cardno[10];

    if (book[book_index].state==1)
    {
        printf("已被借阅\n");
        return 1;
    }
    else
    {
        printf("可以借阅\n\t 是否借阅？(是：'y'，否：'n')：");
        while (1)
        {
            scanf("%s",jy);
            if ((strcmp(jy,"n")==0)||(strcmp(jy,"y")==0)) break;
            else
```

```
                printf("\t 输入有错！按任意键重新输入...");
            }
            if (strcmp(jy,"y")==0)
            {
                printf("请输入借书证号码：");
                scanf("%s",cardno);
                if (validcard(cardno)) /*检查借书证有效性*/
                {
                    strcpy(book[book_index].librarycardnum,cardno);
                    book[book_index].state=1;
                    book[book_index].lentoutnum++;
                    printf("\t 借阅成功！按任意键返回...");
                    getch();
                    return 0;
                }
                else
                {
                    printf("输入的借书证号码无效！\n");
                    getch();
                    return 2;
                }
            }
            else
            {
                printf("\t 借阅取消，按任意键返回....");
                getch();
                return 3;
            }
        }
}

/*按书名借阅*/
void BorrowByName()
{       char name[20];
        int i,book_xb,borrowed=0,k=0;/*k 用来标记是否存在该书*/

        printf("\t\t        ======================      \n");
        printf("\t\t              按书名借阅             \n");
        printf("\t\t        ======================      \n");
```

```
        while (1)
        {
            printf("\n\t\t 请输入书名:");
            scanf("%s",name);
            for (i=0; i<booknum; i++)
            {
                if ((strcmp(book[i].name,name)==0)&&(book[i].state!=1)) /*找到图书并确认图书
没有被借出*/
                {
                    book_xb=i;
                    break;
                }
            }
            if (i==booknum)
            {
                printf("\t 该书不存在或已经借完!\n\t\t 按任意键返回...");
                getch();
                break;
            }
            show_a_book(book_xb,k-1); /* k==1 时，标题行只输出一次*/
            if (borrowbook(book_xb)==0) /*借阅图书*/
                break;
        }
    }

    /*按图书流水号借阅*/
    void BorrowByNum()
    {   long i,k=0,book_xb,book_num;/*k 用来标记是否存在该书*/

        printf("\t\t     ======================     \n");
        printf("\t\t       按图书流水号借阅            \n");
        printf("\t\t     ======================     \n");
        while (1)
        {
            printf("\n\t\t 请输入图书流水号:");
            scanf("%d",&book_num);
            for (i=0; i<booknum; i++)
                if ((book[i].num==book_num)&&(book[i].state!=1))
                {
```

```
                    book_xb=i;
                    break;
                }
            if (i==booknum)
            {
                printf("\t 该书不存在或已经借完!\n\t\t 按任意键返回...");
                getch();
                break;
            }
            show_a_book(book_xb,0);
            if (borrowbook(book_xb)==0) /*借阅图书*/
                break;
        }
}

/*按索书号借阅*/
void BorrowBySearchcode()
{       char scode[15];
        int i,book_xb,borrowed=0,k=0;/*k 用来标记是否存在该书*/

        printf("\t\t        ======================        \n");
        printf("\t\t               按索书号借阅           \n");
        printf("\t\t        ======================        \n");
        while (1)
        {
            printf("\n\t\t 请输入索书号:");
            scanf("%s",scode);
            for (i=0; i<booknum; i++)
                if ((strcmp(book[i].searchcode,scode)==0)&&(book[i].state!=1)) /*找到图书并确
认图书没有被借出*/
                {
                    book_xb=i;
                    break;
                }
            if (i==booknum)
            {
                printf("\t 该书不存在或已经借完!\n\t\t 按任意键返回...");
                getch();
                break;
```

```
            }
            show_a_book(book_xb,k-1); /* k==1时，标题行只输出一次*/
            if (borrowbook(book_xb)==0) /*借阅图书*/
                break;
        }
}

/*借阅图书菜单*/
void borrowmenu()
{       int ch;

        do {
            system("cls");
            printf("\n\n\n\n");
            printf("\t\t|-----------------------------|\n");
            printf("\t\t|        =====================        |\n");
            printf("\t\t|                借阅图书              |\n");
            printf("\t\t|        =====================        |\n");
            printf("\t\t|                                     |\n");
            printf("\t\t|           1.按书名借阅               |\n");
            printf("\t\t|           2.按流水号借阅             |\n");
            printf("\t\t|           3.按索书号借阅             |\n");
            printf("\t\t|           4.查看所有图书             |\n");
            printf("\t\t|                                     |\n");
            printf("\t\t|           0.返回主菜单               |\n");
            printf("\t\t|-----------------------------|\n");
            printf("\t\t请输入您的选择:");
            ch=getch();
            system("cls");
            switch (ch)
            {
                case '1' : BorrowByName(); break;/*按书名借阅*/
                case '2' : BorrowByNum(); break;/*按书号借阅*/
                case '3' : BorrowBySearchcode(); break;/*按索书号借阅*/
                case '4' : show_all_book(); break;/*查看所有图书*/
            }
        } while (ch!='0');
}
```

```
/*按书名进行查找并修改信息*/
void ChangeByName()
{     int i,k=0;/*k 用来判断是否找到该书*/
      char temp[20];

      while (1)
      {
            system("cls");
            printf("\n");
            printf("\t\t|         ======================        |\n");
            printf("\t\t|              按书名进行修改            |\n");
            printf("\t\t|         ======================        |\n");
            printf("\t\t 请输入您准备修改的图书名称,输入'exit'退出:");
            scanf("%s",temp);
            if (strcmp(temp,"exit")==0)
                  break;
            else
            {
                  for (i=0; i<booknum; i++)
                        if (strcmp(temp,book[i].name)==0)
                        {
                              printf("\t 该书的信息为:\n");
                              show_a_book(i,k);
                              k++;

                              printf("\t\t 现在请输入新信息:\n");
                              if (InputBookItems(i)==1)
                              {
                                    printf("取消修改。\n");
                                    getch();
                                    break;
                              }
                        }
                  if (k==0)
                  {
                        printf("\t 您输入的书名不存在!按任意键继续...");
                        getch();
                        continue;
                  }
```

```
                printf("\t 信息修改完毕，任意键返回...");
                getch();
                break;
            }
        }
}

/*按流水号进行查找并修改信息*/
void ChangeByNum()
{   int i,k=0;/*k 用来判断是否找到该书*/
    long temp;

    do {
        system("cls");
        printf("\n");
        printf("\t\t|     ======================     |\n");
        printf("\t\t|      按图书流水号进行修改      |\n");
        printf("\t\t|     ======================     |\n");
        printf("\t\t 请输入您准备修改的图书流水号,输入'0'退出:");
        scanf("%ld",&temp);
        if (temp==0) break;
        else
        {
            for (i=0; i<booknum; i++)
                if (temp==book[i].num)
                {
                    printf("\t 该书的信息为:\n");
                    show_a_book(i,k);
                    k++;

                    printf("现在请输入新信息:\n");
                    if (InputBookItems(i)==1)
                    {
                        printf("取消修改。\n");
                        getch();
                        break;
                    }
                }
            if (k==0)
```

```
                {
                    printf("\t 您输入的书名不存在!按任意键继续...");
                    getch();
                    continue;
                }
                printf("\t 信息修改完毕，任意键返回...");
                getch();
                break;
            }
        } while(temp!=0);
}

/*按索书号修改信息*/
void ChangeBySearchcode()
{       int i,k=0;/*k 用来判断是否找到该书*/
        char temp[20];

        while (1)
        {
            system("cls");
            printf("\n");
            printf("\t\t|        ======================        |\n");
            printf("\t\t|            按索书号进行修改            |\n");
            printf("\t\t|        ======================        |\n");
            printf("\t\t 请输入您准备修改的图书索书号,输入'exit'退出:");
            scanf("%s",temp);
            if (strcmp(temp,"exit")==0)
                break;
            else
            {
                for (i=0; i<booknum; i++)
                    if (strcmp(temp,book[i].searchcode)==0)
                    {
                        printf("\t 该书的信息为:\n");
                        show_a_book(i,k);
                        k++;

                        printf("\t\t 现在请输入新信息:\n");
                        if (InputBookItems(i)==1)
```

```
                    {
                        printf("取消修改。\n");
                        getch();
                        break;
                    }
                }
            if (k==0)
            {
                printf("\t 您输入的索书号不存在!按任意键继续...");
                getch();
                continue;
            }
            printf("\t 信息修改完毕，任意键返回...");
            getch();
            break;
        }
    }
}

/*修改图书菜单*/
void ChangeInfo()
{   int x;

    do {
        system("cls");
        printf("\n\n\n\n");
        printf("\t\t|-----------------------------|\n");
        printf("\t\t|     ======================     |\n");
        printf("\t\t|          修改图书信息           |\n");
        printf("\t\t|     ======================     |\n");
        printf("\t\t|                               |\n");
        printf("\t\t|          1.按书名修改           |\n");
        printf("\t\t|          2.按流水号修改         |\n");
        printf("\t\t|          3.按索书号修改         |\n");
        printf("\t\t|                               |\n");
        printf("\t\t|          0.返回主菜单           |\n");
        printf("\t\t|-----------------------------|\n");
        printf("\t\t 请输入您的选择:");
        scanf("%d",&x);
```

```
            system("cls");
            switch (x)
            {
                case 1 : ChangeByName(); break;/*按书名修改信息*/
                case 2 : ChangeByNum(); break;/*按流水号修改信息*/
                case 3 : ChangeBySearchcode(); break;/*按索书号修改信息*/
            }
        } while (x!=0);
}

/*删除所有图书*/
void DeleteAll()
{       char queren[4];

        printf("\t 继续操作会删除所有图书信息，是否继续?'y'继续，'n'撤销...");
        scanf("%s",queren);
        if (strcmp(queren,"y")==0)
        {
            booknum=0;
            printf("\t 删除成功!\n");
        }
        else
        {
            printf("\t 操作被用户取消!任意键返回...");
        }
        getch();
}

/*按书名删除*/
void DeleteByName()
{       int i,book_xb,k=0;/*book_xb 用来存放图书下标，k 用标记是否找到书*/
        char queren[4],temp_name[20];

        printf("\t 输入你要删除的书的名称,输入'0'退出:");
        scanf("%s",temp_name);
        if (strcmp(temp_name,"0")!=0)
        {
            for (i=0; i<booknum; i++)
                if (strcmp(temp_name,book[i].name)==0)
```

```
                {
                    book_xb=i;
                    printf("\t 该书的信息为:\n");
                    show_a_book(book_xb,k);
                    k++;

                    printf("\t 是否要删除该书?是'y',否'n'");
                    scanf("%s",queren);
                    if (strcmp(queren,"y")==0)
                    {
                        if (book_xb==booknum-1)
                            booknum--;
                        else
                        {
                            for (i=0; i<booknum; i++)
                                book[book_xb+i]=book[book_xb+i+1];
                            booknum--;
                        }
                        printf("\t 删除成功!\n");
                    }
                    else
                        printf("\t 操作被用户取消!任意键返回...");
                }
            if (k==0)
                printf("\t 未找到该书,请核实以后再操作!,按任意键返回....");
            getch();
        }
    }

    /*按书号查找并删除*/
    void DeleteByNum()
    {   int i,book_xb,k=0,temp_num;/*book_xb 用来存放图书下标，k 用标记是否找到书,temp_num
用来存放查找时输入的图书名称*/
        char queren[4];/*queren[2]用来存放'是否'确认删除*/

        while (1)
        {
            printf("\t 输入你要删除的书的书号,输入'0'退出:");
            scanf("%d",&temp_num);
```

```
        if (temp_num==0)
            break;
        else
        {
            for (i=0; i<booknum; i++)
                if (temp_num==book[i].num)
                {
                    book_xb=i;
                    printf("该书的信息为:\n");
                    show_a_book(book_xb,k);
                    k++;

                    printf("\t 是否要删除该书?是'y',否'n'");
                    scanf("%s",queren);
                    if (strcmp(queren,"y")==0)
                    {
                        if (book_xb==booknum-1)
                            booknum--;
                        else
                        {
                            for (i=0; i<booknum; i++)
                                book[book_xb+i]=book[book_xb+i+1];
                            booknum--;
                        }
                        printf("\t 删除成功!\n");
                    }
                    else
                        printf("\t 操作被用户取消!任意键返回...");
                }
            if (k==0)
                printf("\t 未找到该书,请核实以后再操作!,按任意键返回....");
            getch();
            break;
        }
    }
}

/*删除图书菜单*/
void DeleteBooks()
```

```
{    int ch;

     do {
          system("cls");
          printf("\t\t|-----------------------------|\n");
          printf("\t\t|       =====================   |\n");
          printf("\t\t|           删除图书信息           |\n");
          printf("\t\t|       =====================   |\n");
          printf("\t\t|                               |\n");
          printf("\t\t|           1.按书名删除           |\n");
          printf("\t\t|           2.按书号删除           |\n");
          printf("\t\t|           3.删除所有图书          |\n");
          printf("\t\t|                               |\n");
          printf("\t\t|           0.返回主菜单           |\n");
          printf("\t\t|-----------------------------|\n");
          printf("\t\t 请输入您的选项：");
          ch=getch();
          system("cls");
          switch (ch)
          {
               case '1' : DeleteByName(); break;
               case '2' : DeleteByNum(); break;
               case '3' : DeleteAll(); break;
          }
     } while (ch!='0');
}

/*主控函数*/
int main()
{    int x;

     if (verify()!=1)     /*密码验证*/
     {
          printf("\t 密码错误！按任意键返回...");
          getch();
     }
     else
     {
          booknum=ReadFromFile(book);
```

```
        do {
            /******主菜单******/
            system("cls");
            printf("\n\n\n\n");
            printf("\t\t|------------------------------|\n");
            printf("\t\t|                              |\n");
            printf("\t\t|    ======================    |\n");
            printf("\t\t|      欢迎光临图书管理系统      |\n");
            printf("\t\t|    ======================    |\n");
            printf("\t\t|                              |\n");
            printf("\t\t|        1.录入图书信息         |\n");
            printf("\t\t|        2.查询图书信息         |\n");
            printf("\t\t|        3.修改图书信息         |\n");
            printf("\t\t|        4.删除图书信息         |\n");
            printf("\t\t|        5.借阅图书             |\n");
            printf("\t\t|        6.修改管理密码         |\n");
            printf("\t\t|                              |\n");
            printf("\t\t|        0.退出系统             |\n");
            printf("\t\t|------------------------------|\n");
            printf("\n\t\t 请输入您的选择:");
            scanf("%d",&x);
            system("cls");
            switch (x)
            {
                case 1 : booknum=InputBooksInfo();   getch();    break;    /*录入信息*/
                case 2 : show();  break;    /*查看信息*/
                case 3 : ChangeInfo(); break;    /*修改信息*/
                case 4 : DeleteBooks(); break;    /*删除信息*/
                case 5 : borrowmenu();getch();    break;    /*借阅图书*/
                case 6 : ChangePassword();  break;    /*修改密码*/
            }
        } while (x!=0);
        SaveToFile(book,booknum);
        system("cls");
        printf("\n\n\n\n\n\n\n\n\n\n\t\t\t\t ===谢谢使用！ ===\n\t\t\t");
        getch();
    }
    return 0;
}
```

3.2　电子通讯录管理系统

【问题描述】

设计电子通讯录管理系统，应该包含以下功能：

(1) 输入数字：1—创建通讯录；2—显示通讯录；3—查询通讯录；4—修改通讯录；5—添加通讯录；6—删除通讯录；7—排序通讯录；0—退出。

(2) 假设通讯录中的每个记录包括学号、姓名、电话号码等信息，要求选项 2～选项 7 必须在执行“创建通讯录”命令后才能生效。

【问题分析】

本案例采用模块化的思想，按照“自顶向下，逐步细化”的原则设计其算法。

电子通讯录管理系统的主控模块安排如图 3-2 所示。

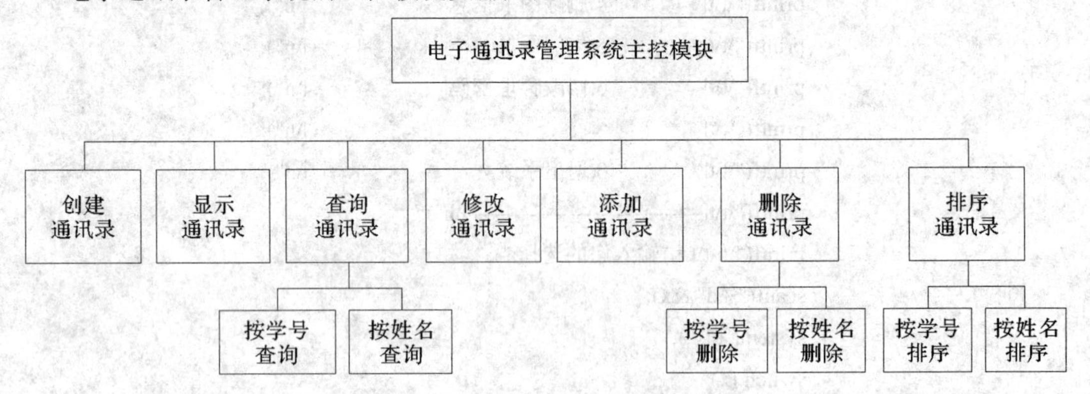

图 3-2　电子通讯录管理系统主控模块

程序中定义了如下主要的功能模块函数：

- 创建通讯录模块函数(mycreate)：输入学生的姓名、学号和电话号码，并将它们存放在对应的数据或结构体中，每输入一种数据，记录数增 1。
- 显示通讯录模块函数(mydisplay)：通过循环将记录学生姓名、学号和电话号码的数据输出到屏幕上，可以根据实际记录数确定循环次数。
- 查询通讯录模块函数(mysearch)：模块中又包含两个子模块，可以分别按学号和姓名进行查询，查询时将输入的信息通过循环与相应数值成员进行比较。
- 修改通讯模块函数(mymodify)：根据输入需修改记录的学号，在通过循环查找到该记录后，输入新数据替代原有数据。
- 添加通讯录中的记录模块函数(mymodify)：先判断输入的学号是否重复，若不重复再将输入的信息添加到对应的数据中，每输入一组数据，记录数增 1。
- 删除通讯录中的记录模块函数(mydelete)：本模块中也包含了两个子模块，可以分别按学号和姓名进行删除。将输入的信息与相应数值成员一一进行比较，找到该记录后将该记录有关信息全部删除，每删除一组数据，记录数减 1。
- 排序通讯录模块函数(mysort)：本模块包含两个子模块，可以分别按学号和姓名进行排序，每个子模块中可进一步选择排序方式是升序还是降序。

【参考程序】

```
/*instance2.c*/
#include <stdio.h>
#include <string.h>
#include <conio.h>

#define N 100
struct student
{
	char num[12];
	char name[10];
	char tel[15];
};

/*函数声明部分*/
void myprint();
void mycreate(struct student *p,int *n);
int savetofile(struct student *p,int n);
int loadfromfile(struct student *p,int *n);
void mydisplay(struct student *p,int n);
void mysearch(struct student *p,int n);
void sch_num(struct student *p,int n);
void sch_name(struct student *p,int n);
void mymodify(struct student *p,int n);
void myadd(struct student *p,int *n);
void mydelete(struct student *p,int *n);
void del_num(struct student *p,int *n);
void del_name(struct student *p,int *n);
void mysort(struct student *p,int n);
void sort_num(struct student *p,int n);
void sort_name(struct student *p,int n);

main()
{
	char choose;
	struct student record[N];
	int n=0;
```

```
loadfromfile(record,&n);
while (1)
{
    myprint();              /*显示菜单*/
    printf("   ");
    fflush(stdin);    /*清空缓冲区*/
    choose=getchar();
    switch (choose)
    {
        case '1' :  mycreate(record,&n);
                    savetofile(record,n);
                    break;
        case '2' :  if (n==0)
                    {
                        printf("\n  尚无记录，请先创建通讯录!\n");
                        break;
                    }
                    mydisplay(record,n); //显示
                    break;
        case '3':   if (n==0)
                    {
                        printf("\n  尚无记录，请先创建通讯录!\n");
                        break;
                    }
                    mysearch(record,n); //查询
                    break;
        case '4':   if (n==0)
                    {
                        printf("\n  尚无记录，请先创建通讯录!\n");
                        break;
                    }
                    mymodify(record,n); //修改
                    break;
        case '5':   if (n==0)
                    {
                        printf("\n  尚无记录，请先创建通讯录!\n");
                        break;
                    }
                    myadd(record,&n); //增加
```

```
                    savetofile(record,n);
                    break;
        case '6':   if (n==0)
                    {
                        printf("\n  尚无记录，请先创建通讯录!\n");
                        break;
                    }
                    mydelete(record,&n); //删除
                    break;
        case '7':   if (n==0)
                    {
                        printf("\n  尚无记录，请先创建通讯录!\n");
                        break;
                    }
                    mysort(record,n); //排序
                    break;
        case '0' :  break;
        default :   printf("\n  输入非法字符!\n",choose);
    }
    if (choose=='0') break;

    printf("\n 按回车键继续...");
    fflush(stdin);
    getchar();
  }
}

/*显示菜单函数*/
void myprint()                          /*显示菜单界面*/
{
    printf("\n\n\n\n\n\n\n\n\n");
    printf("    |-----------------------|\n");
    printf("    |       请输入选项编号      |\n");
    printf("    |-----------------------|\n");
    printf("    |       1--创建通讯录       |\n");
    printf("    |       2--显示通讯录       |\n");
    printf("    |       3--查询通讯录       |\n");
    printf("    |       4--修改通讯录       |\n");
    printf("    |       5--添加通讯录       |\n");
```

```
        printf("   |        6--删除通讯录        |\n");
        printf("   |        7--排序通讯录        |\n");
        printf("   |        0--退出              |\n");
        printf("   |-----------------------------|\n");
}

/*定义创建通讯录的函数*/
void mycreate(struct student *p,int *n)
{
        struct student temp;

        (*n)=0;
        do
        {
                printf("\n   请输入第%d 个记录:\n",(*n)+1);
                printf("学号(用#结束输入)：");
                do
                {
                        gets(temp.num);
                } while (strcmp(temp.num,"")==0);
                if (temp.num[0]=='#') break;
                printf("姓名(用#结束输入):\n");
                gets(temp.name);
                if (temp.name[0]=='#') break;
                printf("电话号码(用#结束输入):\n");
                gets(temp.tel);
                if (temp.tel[0]=='#') break;
                *p=temp;
                (*n)++;
                p++;
        } while (temp.num[0]!='#'&& temp.name[0]!='#' && temp.tel[0]!='#');
}

/*定义数据存入文件的函数*/
int savetofile(struct student *p,int n)
{
        FILE *FP;
        struct student *q;
```

```
    if ((FP=fopen("contacts.dat","wt"))==NULL) /*尝试以“只写(w)”的方式打开已存在的文件
*/
    {
        if ((FP=fopen("contacts.dat","at"))==NULL) /*尝试以“追加(a)”的方式打开，可建立
新文件*/
        {
            printf("不能建立文件！\n");
            return 1;
        }
    }
    for (q=p; q<p+n; q++)
        fprintf(FP,"%10s %15s %15s\n", q->num, q->name, q->tel);
    fclose(FP);
    return 0;
}

/*定义从文件读取数据的函数*/
int loadfromfile(struct student *p,int *n)
{
    FILE *FP;
    struct student *q;

    if ((FP=fopen("contacts.dat","rt"))==NULL)
    {
        printf("不能打开文件！\n");
        return 1;
    }
    q=p;
    *n=0;
    while (!feof(FP))
    {
        fscanf(FP,"%10s %15s %15s\n", &q->num, &q->name, &q->tel);
        q++;
        (*n)++;
    }
    fclose(FP);
    return 0;
}
```

```
/*定义显示通讯录的函数*/
void mydisplay(struct student *p, int n)
{
    struct student *q;

    printf("        学号                姓名                电话号码\n");
    for (q=p; q<p+n; q++)
        printf("%10s %15s %15s\n", q->num, q->name, q->tel);
}

/*定义查询通讯录的函数*/
void mysearch(struct student *p,int n)
{
    char c;

    printf("\n  按学号查询(h),还是按姓名查询(m)？ ");
    do {
        c=getchar();
    } while (c!='h'&&c!='H'&&c!='m'&&c!='M');
    if (c=='h'||c=='H')
        sch_num(p,n);    /*按学号查询*/
    else
        sch_name(p,n);   /*按学号查询*/
}

/*定义按学号查询的通讯录的函数*/
void sch_num(struct student *p,int n)
{
    int flag=0;
    char tempnum[10];
    struct student *q;

    printf("\n   请输入要查询记录的学号:");
    do {
        gets(tempnum);
    } while (strcmp(tempnum,"")==0);
    for (q=p; q<p+n; q++)
        if (strcmp(tempnum,q->num)==0)
        {
```

```
                if (flag==0)
                    printf("            学号            姓名            电话号码\n");
                printf("%10s%15s%15s\n",q->num,q->name,q->tel);
                flag=1;
            }
        if (flag==0)
                printf("\n  查无此人!\n");
}

/*按姓名查找通讯录函数*/
void sch_name(struct student *p,int n)
{
    int flag=0;
    char tempname[10];
    struct student *q;

    printf("\n  请输入要查询记录的姓名:");
    do {
        gets(tempname);
    } while (strcmp(tempname,"")==0);
    for (q=p; q<p+n; q++)
        if (strcmp(tempname,q->name)==0)
        {
            if (flag==0)
                printf("            学号            姓名            电话号码\n");
            printf("%10s %15s %15s\n",q->num,q->name,q->tel);
            flag=1;
        }
        if (flag==0)
            printf("\n  查无此人!\n");
}

/*修改通讯录的函数*/
void mymodify(struct student *p,int n)
{
    char c='Y';
    struct student *q,*find,temp;

    printf("\n  请输入要修改记录的学号:");
```

```
        do {
            gets(temp.num);
        } while (strcmp(temp.num,"")==0);
        for (q=p; q<p+n; q++)
            if (strcmp(temp.num,q->num)==0)
            {
                find=q;
                break;
            }
        if (q==p+n)
            printf("\n   查无此人!\n");
        else
        {
            do
            {
                printf("\n   请输入正确的学号:");
                do {
                    gets(temp.num);
                }   while(strcmp(temp.num,"")==0);
                printf("\n   请输入正确的姓名:");      gets(temp.name);
                printf("\n   请输入正确的电话:");      gets(temp.tel);
                for (p=q; q<p+n; q++)
                    if ((strcmp(temp.num,q->num)==0)&&(q!=find))
                    {
                        printf("\n   学号重复，要重新输入吗(Y/N)?");
                        while (c!='Y'&&c!='y'&&c!='N'&&c!='n')
                            c=getchar();
                        putchar('\n');
                        break;
                    }
                if (q==p+n)
                {
                    *find=temp;
                    break;
                }
            } while (c=='y'||c=='Y');
        }
    }
```

```
/*添加通讯录的函数*/
void myadd(struct student *p,int *n)
{
    char c='Y';
    struct student *q,temp;

    printf("    ---添加通讯录---\n");
    do {
        while (1)
        {
            printf("    请输入新记录的学号:");
            do {
                gets(temp.num);
            } while (strcmp(temp.num,"")==0);    /*检测不允许输入空学号*/
            for (q=p; q<p+(*n); q++)     /*检查输入的学号是否重复*/
            {
                if (strcmp(temp.num,q->num)==0)
                    break;
            }
            if (q<p+(*n))
            {
                printf("    该学号已经存在，请重新输入。\n");
                continue;
            }
            else break;
        }

        printf("    请输入新记录的姓名:");
        gets(temp.name);
        printf("    请输入新记录的电话号码:");
        gets(temp.tel);
        *q=temp;
        (*n)++;
        printf("还要继续添加新记录吗？(Y/N)");
        c=getchar();
    } while (c=='y'||c=='Y');
}

/*删除通讯录的函数*/
```

```
void mydelete (struct student *p,int *n)
{
        char c;

        printf("\n    按学号删除(h),还是按姓名删除(m)?");
        do {
                c=getchar();
        } while (c!='h'&&c!='H'&&c!='m'&&c!='M');
        if (c=='h'||c=='H')
                del_num(p,n);              /*按学号删除*/
        else
                del_name(p,n);    /*按姓名删除*/
}

/*按学号删除通讯录的函数*/
void del_num(struct student *p,int *n)
{
        char tempnum[10];
        struct student *q,*k;

        printf("\n    请输入要删除记录的学号:");
        do {
                gets(tempnum);
        } while (strcmp(tempnum,"")==0);
        for (k=p; k<p+(*n); k++)
                if (strcmp(tempnum,k->num)==0) break;
                if (k<p+(*n))
                {
                        for (q=k; q<k+(*n)-1; q++)
                                *q=*(q+1);
                        (*n)--;
                }
                else
                        printf("\n    查无此人!\n");
}

/*按姓名删除通讯录的函数*/
void del_name(struct student *p,int *n)
{
```

```
    char tempname[10];
    struct student *q,*k;

    printf("\n  请输入要删除记录的姓名:");
    do {
        gets(tempname);
    } while (strcmp(tempname,"")==0);
    for (k=p; k<p+(*n); k++)
        if (strcmp(tempname,k->name)==0) break;
        if (k<p+(*n))
        {
            for (q=k; q<k+(*n)-1; q++)
                *q=*(q+1);
            (*n)--;
        }
        else
            printf("\n 查无此人!\n");
}

/*定义排序通讯录的函数*/
void mysort(struct student *p,int n)
{
    char c;

    printf("\n  按学号排序(h)，还是按姓名排序(m)");
    do {
        c=getchar();
    } while (c!='h'&&c!='H'&&c!='m'&&c!='M');
    if (c=='h'||c=='H')
        sort_num(p,n);
    else
        sort_name(p,n);
}

/*定义按姓名排序通讯录的函数*/
void sort_name(struct student *p,int n)
{
    int i,j,k;char c;
    struct student temp;
```

```
    printf("\n   按升序(s),还是按降序(j)?");
    do {
        c=getchar();
    } while (c!='s'&&c!='S'&&c!='j'&&c!='J');
    if (c=='s'||c=='S')
        for (i=0; i<n-1; i++)
        {
            k=i;
            for (j=i+1; j<n; j++)
                if (strcmp((p+k)->name,(p+j)->name)>0) k=j;
            temp=*(p+k);
            *(p+k)=*(p+i);
            *(p+i)=temp;
        }
    else
        for (i=0; i<n-1; i++)
        {
            k=i;
            for (j=i+1; j<n; j++)
                if (strcmp((p+k)->name,(p+j)->name)<0) k=j;
            temp=*(p+k);
            *(p+k)=*(p+i);
            *(p+i)=temp;
        }
}

/*定义按学号排序通讯录的函数*/
void sort_num(struct student *p,int n)
{
    int i,j,k;
    char c;
    struct student temp;

    printf("\n   按升序(s),还是按降序(j)?");
    do {
        c=getchar();
    } while (c!='s'&&c!='S'&&c!='j'&&c!='J');
    if (c=='s'||c=='S')
```

```
            for (i=0; i<n-1; i++)
            {
                k=i;
                for (j=i+1; j<n; j++)
                    if (strcmp((p+k)->num,(p+j)->num)>0) k=j;
                temp=*(p+k);
                *(p+k)=*(p+i);
                *(p+i)=temp;
            }
        else
            for (i=0; i<n-1; i++)
            {
                k=i;
                for (j=i+1; j<n; j++)
                    if (strcmp((p+k)->num,(p+j)->num)<0) k=j;
                temp=*(p+k);
                *(p+k)=*(p+i);
                *(p+i)=temp;
            }
    }
```

3.3　独轮车问题

【问题描述】

独轮车的轮子上有 5 种颜色，独轮车每走一格颜色变化一次，并且独轮车只能往前推。独轮车也可以在原地旋转，每走一格需要一个单位的时间，每转 90° 需要一个单位的时间，每转 180° 需要两个单位的时间。现给定一个 20×20 的迷宫，一个起点，一个终点和到达终点的颜色，问独轮车最少需要多少时间到达？

【问题分析】 先定义独轮车所在的行、列、当前颜色(5 种)、方向(4 个)，另外为了方便在结点中加上到达该点的最小步数，再用广度搜索返回目标结点的最小步数。

本题包含一个测例。测试数据从第一行开始的 20 行每行内包含 20 个字符，表示迷宫的状态。其中'X'表示障碍物，'.'表示空格(路)；接下来的第 21 行输入以空格分隔的 4 个整数分别表示起点的坐标 S(x,y)和两个整数轮子的颜色和开始的方向，第二行有以空格分隔的 3 个整数，表示终点的坐标 T(x,y)和到达终点时轮子的颜色。

【参考程序】

```
/*instance3.c*/
#include <stdio.h>
struct cnode
```

```
{
    int row;        //结点所在的行坐标
    int col;        //列坐标
    int color;      //颜色
    int direction;  //方向
    int num;        //从起点到本结点的最小步数
};

int search();       //用广度搜索返回目标结点的最小步数
void readdata();    //读入数据
void init();        //初始化
struct cnode moveahead(struct cnode u);    //返回 u 向前走一格得到的结点
int used(struct cnode v);              //判断该结点是否是到达过的结点
void addtoopen(struct cnode v);    //加入到 open 表
int islegal(struct cnode v);           //如果该结点是合法的结点(未越界且是空格)
int isaim(struct cnode v);             //判断该结点是否是目标结点
struct cnode takeoutofopen();       //从 open 表中取出一个结点并把该结点从 open 表中删除
struct cnode turntoleft(struct cnode u);        //u 向左转得到新结点 v
struct cnode turntoright(struct cnode u);       //u 向右转得到新结点 v

struct cnode s,t;                    //s:起始结点；t 目标结点
struct cnode open[200];              //open 表
int head,tail,openlen=200;           //open 表相关数据
int direct[4][2]={{0,-1},{1,0},{0,1},{-1,0}}; //向左、下、右、上四个方向转时，行列的增加值
int a[20][20],n=20;    //a 数组表示迷宫状态数据；n 为迷宫边长
int b[20][20][5][4];   //b 数组表示搜索时的所有状态(0：未访问；1：已访问)

int main()
{   int number;

    readdata();
    init();
    number=search();
    printf("独轮车最少需要%d 个单位时间到达目标节点。\n",number);
}

int search()
//用广度搜索返回目标结点的最小步数
{   struct cnode u,v;
```

```
    while (head!=tail)
    {
        u=takeoutofopen();
        v=moveahead(u);                  //u 向前走一格得到新结点 v
        if (islegal(v))                  //如果该结点是合法的结点(未越界且是空格)
        {
            if (isaim(v))                //判断是否是目标结点
                return (v.num);
            if (!used(v))                //如果是未到达过的结点
                addtoopen(v);            //加入到 open 表
        }
        v=turntoleft(u);                 //u 向左转得到新结点 v
        if (!used(v))
            addtoopen(v);
        v=turntoright(u);                //u 向右转得到新结点 v
        if (!used(v))
            addtoopen(v);
    }
}

int used(struct cnode v)
//判断该结点是否是到达过的结点
{
    if (b[v.row][v.col][v.color][v.direction]==0)
        return (0);
    else
        return (1);
}

void addtoopen(struct cnode v)
//加入到 open 表
{
    open[tail++]=v;
    tail=tail%openlen;
    b[v.row][v.col][v.color][v.direction]=1;
}

struct cnode takeoutofopen()
```

```
//从 open 表中取出一个结点并将该结点从 open 表中删除
{       struct cnode v;

        v=open[head++];
        head=head%openlen;
        return (v);
}

void init()                                     //初始化
{       int i,j,k,l;

        for(i=0;i<n;i++)                        //所有状态初始化
            for(j=0;j<n;j++)
                for(k=0;k<5;k++)
                    for(l=0;l<4;l++)
                        b[i][j][k][l]=0;
        head=0;
        tail=0;
        addtoopen(s);                           //把起始点加入到 open 表
}

void readdata()
//读入数据
{       char str[50];
        int i,j;

        printf("请输入 20 行×20 列的迷宫状态：('.'表示空格，X 表示有障碍物)\n");
        for (i=0; i<n; i++)
        {
            gets(str);
            for (j=0; j<n; j++)
                if (str[j]=='.')                //读入数据'.'表示空格
                    a[i][j]=0;                  //存储时   0：表示空格
                else
                    a[i][j]=1;                  //         1：表示墙
        }
        printf("请输入起始结点信息(行、列、颜色、方向)：\n");
        scanf("%d%d%d%d",&s.row,&s.col,&s.color,&s.direction);   //读入起始结点信息
        printf("请输入目标结点信息(行、列、颜色)：\n");
```

```
        scanf("%d%d%d",&t.row,&t.col,&t.color);                    //读入目标结点信息
}

int isaim(struct cnode v)
//判断该结点是否是目标结点
{
        if (v.row==t.row&&v.col==t.col&&v.color==t.color)
            return 1;
        else
            return 0;
}

int islegal(struct cnode v)
//如果该结点是合法的结点(未越界且是空格)
{
        if (v.row<0||v.row>=n||v.col<0||v.col>=n)   //若越界
            return 0;
        if (a[v.row][v.col]==0)                      //0:表示空格
            return 1;
        return 0;
}

struct cnode moveahead(struct cnode u)
//返回 u 向前走一格得到的结点
{
        struct cnode v;

        v.row=u.row+direct[u.direction][0];
        v.col=u.col+direct[u.direction][1];
        v.color=(u.color+1)%5;
        v.direction=u.direction;
        v.num=u.num+1;
        return (v);
}

struct cnode turntoleft(struct cnode u)
//u 向左转得到新结点 v
{
        struct cnode v;
```

```
        v=u;
        v.direction=(v.direction+1)%4;
        v.num=v.num+1;
        return (v);
}

struct cnode turntoright(struct cnode u)
//u 向左转得到新结点 v
{       struct cnode v;

        v=u;
        v.direction=(v.direction+3)%4;
        v.num=v.num+1;
        return (v);
}
```

运行程序输入的测试数据：

```
XXXXXXXXXXXXXXXXXXXX
.....XXXX......X.XXX
X.........X.XX.....X
X.XXX.XX..X.XX.XXX.X
X.........X.XX.....X
X.XXX.XX..X.XX.XXX.X
.X.....XX.X.....X..X
X....X..X...X.X....X
...XXXX.X.XXX...XXXX
...........X.......X
XXXXXX....XXXXXXX..XX
...........X.......X
.X.....XX.X.....X..X
XXXXXX....XXXXXXXX.X
X....X..X...X.X....X
...XXXX.X.XXX...XXXX
...........X.......X
XXX.X.XXXXX.XXXX.X.X
....X.XX....XXX.....
XXXX.....XX.........
1 1 1 1
```

4 8 1

输出结果：

独轮车最少需要 11 个单位时间才到达目标节点。

3.4　输出万年历

【问题描述】

万年历是记录一定时间范围内(比如 100 年或更多)具体日期的年历，方便有需要的人查询使用。万年只是一种象征，表示时间跨度大。一般中国的万年历还能同时显示公历、农历和干支历等多套历法，我们在这里模仿现实生活中的挂历，做一个简化版的万年历，只显示其中公历的日历表。

【问题分析】

程序设计中的难点主要有：

① 闰年的判定根据“四年一闰，百年不闰，四百年再闰”的规则，由函数 IsLeap 实现判断。

② 日历表中日期输出的定位。因为每个月的日历表中，日期的输出位置需要和表头的星期几对齐，为此，每月 1 日的输出定位极为关键。程序中，先通过用函数 DayofWeek 计算某年第一天为星期几，再通过控制输出空格个数的方法定位输出 1 月 1 日的位置，其后按日期递增的顺序每行填充七个日期直到月末最后一天即可。二月及其以后的月份的输出也一样先推算出每月 1 日的输出位置，其余的日期顺序递增输出即可。

③ 屏幕上分左右两边分别输出相邻两个月的日历表，第二张表需要重新定位输出的位置，其开始日期的输出位置及结束日期也可能与第一张表不同，这都是程序设计时需要处理的问题。

【参考程序】

```
/*instance4.c*/
#include <stdio.h>
#include <conio.h>

int IsLeap(int year); /*判定闰年的函数*/
void PrintSpace(int n); /*在当前位置输出 n 个空格*/
int DayofWeek(int year); /*计算某年第一天为星期几*/
char *ch_month(int month); /*将数字转成相应的汉字月份*/
void PrintHeader(int month); /*输出月历的表头部分*/
void PrintCalendar(int year); /*打印某年日历的函数*/

int main()
/*主函数，循环调用 PrintCalendar 函数输出某年的日历表*/
{	int year;
```

```
        char ch;

        printf("\n ==万年历查询==\n");
        do {
            printf("\n 请输入年份(XXXX):");
            scanf("%d",&year);
            PrintCalendar(year);
            printf("继续查询吗？(Y/N)");
            ch=getch();
        } while (ch!='n'&&ch!='N');
        return 0;
    }

    int IsLeap(int year)
    /*判定闰年。规则：四年一闰，百年不闰，四百年再闰*/
    {
        if ((year%4==0 && year%100!=0) || (year%400==0))
            return 1;
        else
            return 0;
    }

    void PrintSpace(int n)
    /*在当前位置输出 n 个空格，排版使用*/
    {
        while (n--) printf(" ");
    }

    int DayofWeek(int year)
    /*计算某年第一天为星期几。
    算法：公元元年(也就是第一年)的第一天是星期 1，以后的每一年与元年的差值取模 7 就可以
算出该年的第一天是星期几。
            c=[365*(year-1)+其中闰年的个数(闰年多一天)]%7+1;
            c=((year-1)*365+((year-1)/4-(year-1)/100+(year-1)/400+1))%7;
      其中，((year-1)/4-(year-1)/100+(year-1)/400 就是其中闰年的个数，四年一闰，百年不闰，四
百年再闰，所以 4 年的个数减去 100 年的个数再加上 400 年的个数就是其中闰年的个数了；因为
365%7=1，且后面的 1 可以加到去模公式前面去，所以上述公式可以化简成：
            c=(year+(year-1)/4-(year-1)/100+(year-1)/400)%7
    据此计算，返回 0 表示星期日，1～6 表示星期一至星期六。*/
```

```
{
    return ((year+(year-1)/4-(year-1)/100+(year-1)/400)%7);
}

char *ch_month(int month)
/*将数字转成相应的汉字月份*/
{     char *month_name[]={"一月","二月","三月","四月","五月","六月","七月","八月","九月","
十月","十一月","十二月"};

    return ((month>0&&month<13) ? month_name[month-1] : " ");
}

void PrintHeader(int month)
/*输出 month 和 month+1 两个月历的表头部分*/
{
    PrintSpace(12);
    printf("%s",ch_month(month));   /*左半边打印奇数月份名称*/
    PrintSpace(28); /*左右半边的奇偶月份名用空格隔开*/
    printf(" %s     ",ch_month(month+1)); /*右半边打印双数月份名称*/
    printf("\n");

    printf(" ____________________________");
    PrintSpace(5);
    printf(" ____________________________");
    printf("\n");

    printf("  日  一  二  三  四  五  六");   /*打印星期几的表头字符串*/
    PrintSpace(6);
    printf("  日  一  二  三  四  五  六");
    printf("\n");
}

void PrintCalendar(int year)
/*打印某年日历的函数*/
{     int i,j,k,m,n,f1,f2,d;
    int a[13]={0,31,28,31,30,31,30,31,31,30,31,30,31}; /*列举每月的天数*/

    PrintSpace(26);
    printf("%d 年日历表\n\n",year);
```

```
d=DayofWeek(year);   /*计算某年第一天为星期几*/
if (IsLeap(year)==1)
    a[2]++;     /*若为闰年，2 月份增加 1 天*/

for (i=1; i<=12; i+=2)
{
    m=0; n=0;   /*累计奇、偶月份的天数*/
    f1=0; f2=0;   /*标记一个奇、偶月份是否已经打印完成*/

    PrintHeader(i);   /*输出月历的表头部分*/

    for (j=0; j<6; j++)   /*每月日历表最大为 6 行*/
    {
        if (j==0)   /*月历第一行较特殊，要定位每月 1 日的输出位置*/
        {
            /*定位输出左半边的奇月份第 i 月 1 日输出的位置(星期几)。*/
            PrintSpace(d*4);  /*前导无日期处用空格填充*/
            for (k=0; k<7-d; k++)   /*自动打印第 i 月的第一行日期*/
                printf("%4d",++m);

            PrintSpace(6);   /*左右半边的奇偶月份日期用空格分隔*/

            /*定位输出右半边的偶月份第 i+1 月 1 日输出的位置(星期几)*/
            d = (d+a[i]%7)%7;   /*a[i]为上一个月(前面已打印过的奇月份第i 月)的总天数*/
            PrintSpace(d*4);
            for (k=0; k<7-d; k++)   /*打印第 i+1 月的第一行日期*/
                printf("%4d",++n);

            printf("\n");          /*换行继续打印*/
        }
        else
        {
            /*在左半边打印奇月份第 i 月的日期(第 2～6 行)*/
            for (k=0; k<7; k++)
            {
                if(m<a[i])
                    printf("%4d",++m);
                else
                    PrintSpace(4);
```

```
                    if (m==a[i]) f1=1;    /*f1 标记一个奇月份是否打印完成*/
                }
                PrintSpace(6);
                /*在右半边打印偶月份第 i+1 月的日期(第 2～6 行)*/
                for (k=0; k<7; k++)
                {
                    if (n<a[i+1])
                        printf("%4d",++n);
                    else
                        PrintSpace(4);
                    if (n==a[i+1]) f2=1;    /*f2 标记一个偶月份是否打印完成*/
                }
                printf("\n");
                if (f1&&f2) break;    /*一个奇和一个偶月份都打印完成后，跳出循环*/
            }
        }
        printf("\n");
        /*计算下月 1 日输出的位置(星期几)*/
        d = (d+a[i+1]%7)%7; /*a[i+1]为上一个月(上述已打印过的偶月份第 i+1 月)的总天
数*/
    }
}
```

【测试样例】

==万年历查询==

请输入年份(XXXX): 2018

输出结果:

2018 年日历表

```
              一月                               二月
 ____________________________       ____________________________
  日  一  二  三  四  五  六         日  一  二  三  四  五  六
       1   2   3   4   5   6                         1   2   3
   7   8   9  10  11  12  13          4   5   6   7   8   9  10
  14  15  16  17  18  19  20         11  12  13  14  15  16  17
  21  22  23  24  25  26  27         18  19  20  21  22  23  24
  28  29  30  31                     25  26  27  28
```

……

十一月								十二月						
日	一	二	三	四	五	六		日	一	二	三	四	五	六
				1	2	3								1
4	5	6	7	8	9	10		2	3	4	5	6	7	8
11	12	13	14	15	16	17		9	10	11	12	13	14	15
18	19	20	21	22	23	24		16	17	18	19	20	21	22
25	26	27	28	29	30			23	24	25	26	27	28	29
								30	31					

3.5 贪吃蛇游戏

【问题描述】

贪吃蛇游戏是经典的计算机游戏。游戏描述如下：

(1) 游戏开始后，蛇可以自动直线前进，或者由玩家通过方向键操纵蛇上下左右前进，每次前进一格。

(2) 贪吃蛇在规定的区域内活动，当遇到如下情况之一时游戏结束。

① 贪吃蛇触碰到墙壁时。

② 贪吃蛇的蛇头触碰到蛇身或者蛇尾时。

③ 玩家输入<Esc>键时。

(3) 蛇活动的区域内每次随机产生一个“食物”，当蛇吃到食物后蛇身增长一节，自动前进时间缩短 10 ms(默认是 200 ms，且不能少于 50 ms)。

【问题分析】

这个贪吃蛇游戏程序的关键在于表示蛇的图形及蛇的移动。用一个黄色的小菱形块表示蛇的一节身体，身体每长一节，增加一个菱形块。移动时必须从蛇头开始，所以蛇不能向相反的方向移动，如果不按任意键，蛇自行在当前方向上前移，但按下有效方向键后，蛇头朝着该方向移动，一步移动一节身体。所以按下有效方向键后，先确定蛇头的位置，而后蛇的身体随蛇头移动，图形的实现是从蛇头新位置开始画出蛇。这时，由于未清屏的原因，原来的蛇的位置和新蛇的位置差一个单位，所以看起来蛇多一节身体，所以将蛇的最后一节用背景色覆盖。食物的出现与消失也是画矩形块和覆盖矩形块。

程序中，为了能直观地显示操作过程，引用了头文件 windows.h 中声明的函数 SetConsoleTextAttribute 设置文字输出的颜色，用函数 SetConsoleCursorPosition 来设定输出光标的位置。

【参考程序】:

```
/*instance5.c*/
#include <windows.h>
#include <stdlib.h>
```

```
#include <time.h>
#include <stdio.h>
#include <string.h>
#include <conio.h>

/*定义颜色值的宏*/
#define clGreen 10
#define clAqua 11
#define clRed 12
#define clFuchsia 13
#define clYellow 14

#define N 21

struct Food
{
    int x;    /*食物的横坐标*/
    int y;    /*食物的纵坐标*/
    int yes;    /*判断食物的状态：=0 表示被吃点，=1 表示存在*/
} food;    /*食物的结构体*/

typedef struct Snake    /*定义蛇每一节身体的结构(坐标)*/
{
    int x;
    int y;
} SNAKE;
SNAKE tail;    /*蛇尾的坐标*/
int improve;    /*蛇身是否增长*/

char score[3]; /*score[0]存本次游戏分数，score[1]存上次游戏分数，score[2]存蛇移动速度(动态)*/

void gotoxy(int x, int y)    /*将光标移到指定的坐标上输出*/
{
    COORD pos;
    pos.X = x;
    pos.Y = y;
    SetConsoleCursorPosition(GetStdHandle(STD_OUTPUT_HANDLE), pos);
}
```

```
void SetColor(unsigned short b)     /*设置颜色函数*/
{
     HANDLE hConsole = GetStdHandle((STD_OUTPUT_HANDLE)) ;
     SetConsoleTextAttribute(hConsole,b) ;
}

int Block(SNAKE head)     /*判断蛇头是否出界*/
{
     if ((head.x<1) || (head.x>N) || (head.y<1) || (head.y>N))
          return 1;
     return 0;
}

int Eat(SNAKE snake)     /*判断是否吃了食物*/
{
     if ((snake.x == food.x) && (snake.y == food.y))     /*蛇与食物的坐标重合，则为吃掉*/
     {
          food.x = food.y = food.yes = 0;
          gotoxy(N+44,10);
          SetColor(clFuchsia);
          printf("%d",score[0]*10);     /*显示游戏分数*/
          SetColor(clAqua);
          return 1;
     }
     return 0;
}

void Draw(SNAKE **snake, int len)     /*蛇移动*/
{
     if (food.yes) /*若食物未被吃掉则显示*/
     {
          gotoxy(food.x * 2, food.y);
          SetColor(clRed);
          printf("●");
          SetColor(clAqua);
     }
     /*显示蛇尾新的位置*/
     gotoxy(tail.x * 2, tail.y);
     if (improve) /*若蛇变长显示新的蛇尾*/
```

```
        {
            SetColor(clYellow);
            printf("◆");
            SetColor(clAqua);
        }
        else
            printf("■"); /*用"■"填充蛇尾原来的位置*/
        /*显示蛇头新的位置*/
        gotoxy(snake[0]->x * 2, snake[0]->y);
        SetColor(clYellow);
        printf("◆");
        SetColor(clAqua);
        putchar('\n');
}

SNAKE **Move(SNAKE **snake, char dirx, int *len)      /*控制方向*/
{       int i, full = Eat(*snake[0]);

        tail = *snake[(*len)-1];
        for (i = (*len) - 1; i > 0; --i)     /*蛇的每节身体往前移动，也就是贪吃蛇的关键算法*/
            *snake[i] = *snake[i-1];
        switch (dirx) /*根据按键的 ASCII 码判断动作的方向*/
        {
            case 0x48/*↑键*/ : --snake[0]->y; break;
            case 0x50/*↓键*/ : ++snake[0]->y; break;
            case 0x4B/*←键*/ : --snake[0]->x; break;
            case 0x4D/*→键*/ : ++snake[0]->x; break;
        }
        if (full) /*若蛇吃掉食物，蛇身增长一节*/
        {
            snake = (SNAKE **)realloc(snake, sizeof(SNAKE *) * ((*len) + 1));
            snake[(*len)] = (SNAKE *)malloc(sizeof(SNAKE));
            *snake[(*len)] = tail;
            ++(*len);     /*蛇身增长一节*/
            ++score[0];     /*增加游戏得分*/
            if(score[3] < 16)
                ++score[3];     /*加快蛇的移动速度*/
            improve = 1;     /*蛇身变长的标志*/
        }
```

```
        else
            improve = 0;
        return snake;
}

void init(char plate[N+2][N+2], SNAKE ***snake_x, int *len)
/*初始化变量，并绘制游戏原始状态图*/
{       int i,j;
        SNAKE **snake = NULL;

        *len = 3;    /*初定"蛇"的身体为 3 节*/
        score[0] = score[3] = 3;
        snake = (SNAKE **)realloc(snake, sizeof(SNAKE *) * (*len));
        for (i=0; i<*len; ++i)
            snake[i] = (SNAKE *)malloc(sizeof(SNAKE));

        for (i=0; i<(*len); ++i)    /*初始化蛇 3 节身段的坐标位置*/
        {
            snake[i]->x = N/2 + 1;
            snake[i]->y = N/2 + 1 + i;
        }

        for (i=1; i<=N; ++i)    /*设置游戏场地中间部分(行、列下标为 0 和 N+1 的元素已在主函
数中初始化为 0)每块的标志位 1*/
            for (j=1; j<=N; ++j)
                plate[i][j] = 1;

        /*用函数 rand 获取随机数设置食物出现的坐标位置，food.yes 表示是否存在*/
        food.x = rand()%N + 1;
        food.y = rand()%N + 1;
        food.yes = 1;

        /*绘制游戏场地：边界为"□"，中间为"■"*/
        for (i=0; i<N+2; ++i)
        {
            gotoxy(0, i);
            for (j=0; j<N+2; ++j)
            {
                switch (plate[i][j])
```

```
                {
                    case 0: SetColor(clRed);
                            printf("□");
                            SetColor(clAqua);
                            continue;
                    case 1: printf("■");
                            continue;
                    default: ;
                }
            }
            putchar('\n');
        }
        /*绘制"蛇"身*/
        SetColor(clYellow);
        for (i=0; i<(*len); ++i)
        {
            gotoxy(snake[i]->x * 2, snake[i]->y);
            printf("◆");
        }
        putchar('\n');
        *snake_x = snake;

        /*显示操作提示信息*/
        gotoxy(N+30,2);
        SetColor(clGreen);
        printf("按 ↑ ↓ ← →  移动方向");
        gotoxy(N+30,4);
        printf("按空格键暂停，<ESC>退出");
        gotoxy(N+30,8);
        SetColor(clAqua);
        printf("记录最高分为: ");
        SetColor(clRed);
        gotoxy(N+44,8);
        printf("%d",score[1]*10);
        SetColor(clAqua);
        gotoxy(N+30,10);
        printf("你现在得分为: 0");
}
```

```
int LoadData()
/*从文件中读取保存的记录分数存到数组 score[1]中*/
{     FILE *fp;

      if ((fp = fopen("snake.txt","a+")) == NULL)
      {
            gotoxy(N+18, N+2);
            printf("文件不能打开\n");
            return 1;
      }
      if ((score[1] = fgetc(fp)) != EOF)
            ;
      else
            score[1] = 0;
      return 0;
}

int SaveData()      /*存数据*/
/*将游戏分数与上一次游戏分数比较是否闯关成功，并将最高的游戏成绩保存到文件中，以备
下一次游戏使用*/
{     FILE *fp;

      if (score[1] > score[0])
      {
            gotoxy(10,10);
            SetColor(clRed);
            puts("闯关失败，要加油哦！");
            gotoxy(0,N+2);
            return 0;
      }
      if ((fp = fopen("snake.txt","w+")) == NULL)
      {
            printf("文件不能打开。\n");
            return 0;
      }
      if (fputc(--score[0],fp)==EOF)
            printf("数据写入文件失败。\n");
      gotoxy(10,10);
      SetColor(clRed);
```

```
        puts("恭喜您打破了记录！");
        gotoxy(0,N+2);

        return 0;
}

void Free(SNAKE **snake, int len)      /*释放空间*/
{       int i;

        for (i = 0; i < len; ++i)
                free(snake[i]);
        free(snake);
}

int main(void)
{       int len;
        char ch = 'g';
        char a[N+2][N+2] = {{0}};
        SNAKE **snake;

        srand((unsigned)time(NULL)); /*初始化随机数发生器*/
        SetColor(clAqua);
        LoadData();
        init(a, &snake, &len);
        while (ch != 0x1B)      /*按<ESC>结束*/
        {
                Draw(snake, len);
                if (!food.yes)
                {
                        food.x = rand()%N + 1;
                        food.y = rand()%N + 1;
                        food.yes = 1;
                }
                Sleep(200-score[3]*10);     /*暂停时间，决定蛇移动速度的快慢*/
                setbuf(stdin, NULL);     /*清空键盘缓冲区*/
                if (kbhit())     /*检查当前是否按键盘*/
                {
                        gotoxy(0, N+2);
                        ch = getch();     /*获取键盘的按键字符*/
```

```
            }
            snake = Move(snake, ch, &len);
            if (Block(*snake[0])==1)      /*蛇头碰到了游戏场地边界，结束游戏*/
            {
                gotoxy(N+2, N+2);
                puts("你输了。");
                SaveData();
                getch();
                break;
            }
        }
        Free(snake, len);
        return 0;
    }
```

运行结果：

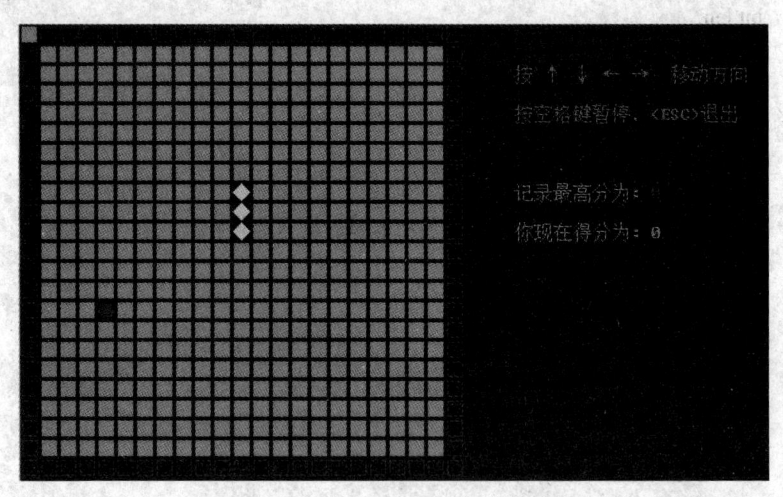

附　录

附录 1　在 Code::Blocks 下运行 C 语言程序

Code::Blocks 是一个开放源码的全功能的跨平台 C/C++ 集成开发环境(IDE)，支持 Windows 和 GNU/Linux。Code::Blocks 是开放源码软件，Windows 用户可以不依赖于 VS .NET，编写跨平台 C++ 应用。

Code::Blocks 提供了许多工程模板，这包括：控制台应用、DirectX 应用、动态链接库、Win32 GUI 应用等，另外它还支持用户自定义工程模板。

Code::Blocks 从 2006 年 3 月发布 1.0 版后，到现在已经发布了多个版本，本文介绍基于 Code::Blocks 17.12 这个版本的使用方法。

安装 Code::Blocks

1. 下载软件

为了安装 Code::Blocks，可以先从下面的 Code::Blocks 官方网站地址上下载 Code::Blocks 软件的最新的版本：

http://www.codeblocks.org/downloads/26

Code::Blocks 安装版本有两种，一种是不带 MinGW (内嵌了 GCC 编译器和 gdb 调试器)，另一种是自带 MinGW。(注：MinGW 是 Minimalist GNU for Windows 的缩写。是一个精简的 Windows 平台 C/C++、ADA 及 Fortran 编译器。)

下载时，不同的名字对应不同的版本，codeblocks-17.12-setup.exe 表示下载没有集成 MinGW 的 Code::Blocks。而在 codeblocks-17.12mingw-setup.exe 表示下载的已经自带 MinGW 的 Code::Blocks 版本，如图 F1 所示。

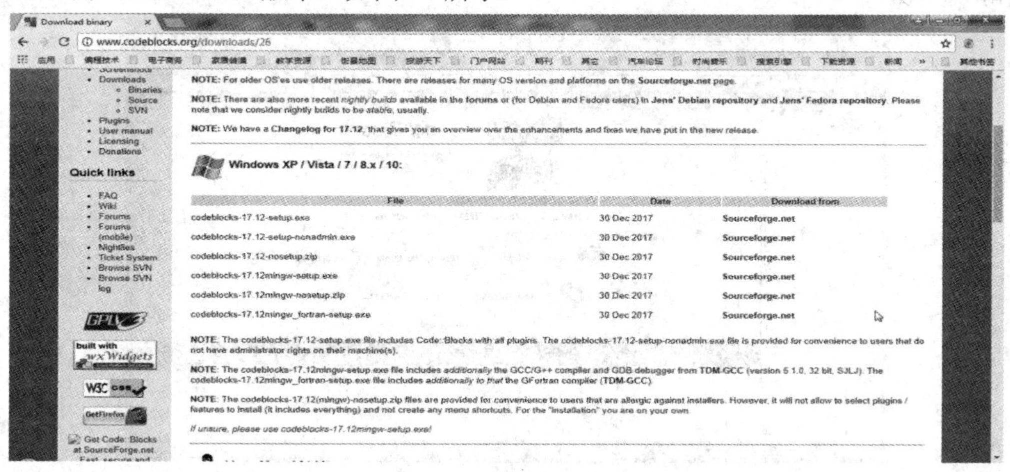

图 F1　Code::Blocks 下载页面

作者建议初学者下载自带 MinGW 的版本，这样不需花费太多时间配置编译器和调试器。

2. 安装

软件下载后，直接运行安装程序 codeblocks-17.12mingw-setup.exe，按照向导提示安装即可，安装步骤在此不再赘述。

若要使用中文的软件界面，需要到网上下载一个 codeblocks.mo 文件，然后放入指定的路径中。

启动 Code::Blocks

第一次启动 Code::Blocks 时会出现选择默认编译器的对话框，如图 F2 所示。对话框中显示系统自动检测到电脑中已经安装的 GNU GCC Compiler 编译器及其它可用的编译器。从中选择你要使用的编译器(一般应选 GNU GCC Compiler 编译器)；再用鼠标选择对话框右侧的 Set as default 按钮，将其设置为默认的编译器；然后再选择 OK 按钮。

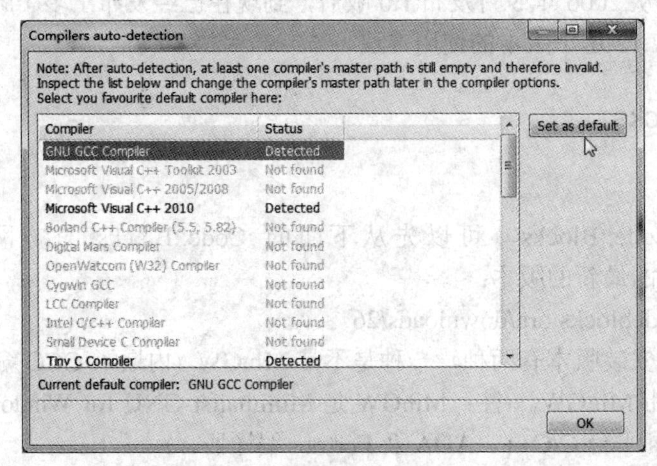

图 F2 设置默认编译器

接下来就进入到 Code::Blocks 主界面，如图 F3 所示。编制和运行 C 程序就是从这里开始的。

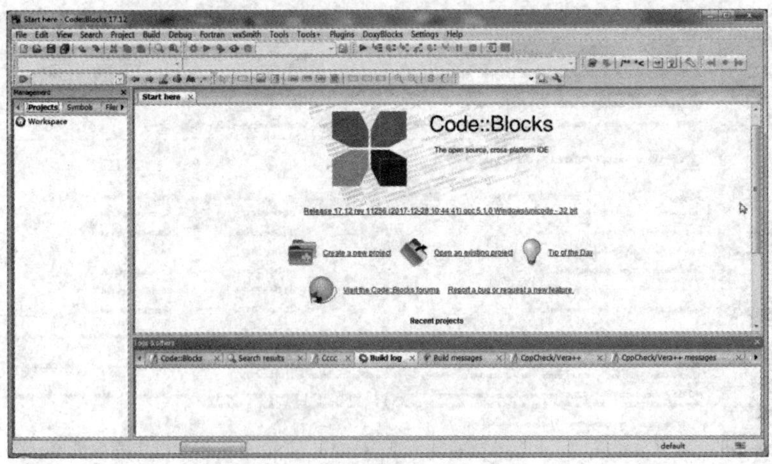

图 F3 Code::Blocks 主界面

在 Code::Blocks 下运行一个 C 程序的步骤

1. 创建一个工程

工程(Project)是一个或多个源程序(包括头文件)的集合，Code::Blocks 是基于工程进行编译和链接的。因此，C 语言程序必须放到工程中才能进行编译和链接。

要创建一个工程，一般要执行如下的步骤：

① 先选择“File|New|Project…”菜单，弹出如图 F4 的对话框。

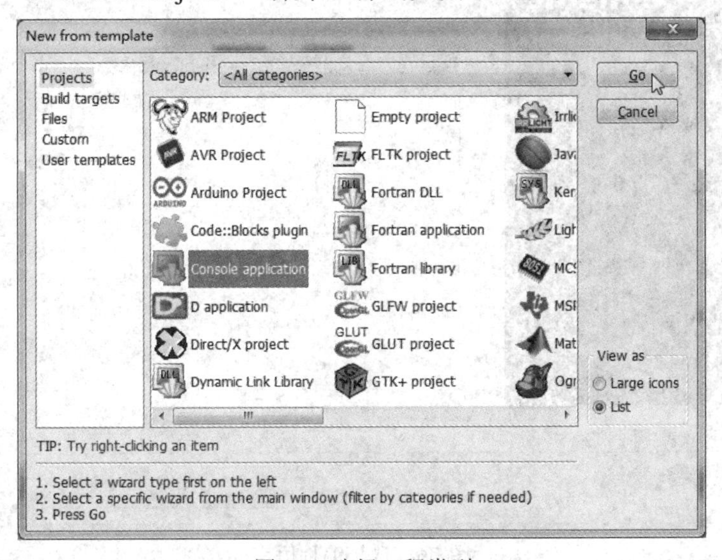

图 F4　选择工程类型

这个对话框中含有很多带有标签的图标，代表不同类型的工程。用鼠标选中“Console application (控制台应用)”项，再单击“Go”按钮。

② 弹出如图 F5 的向导提示对话框。

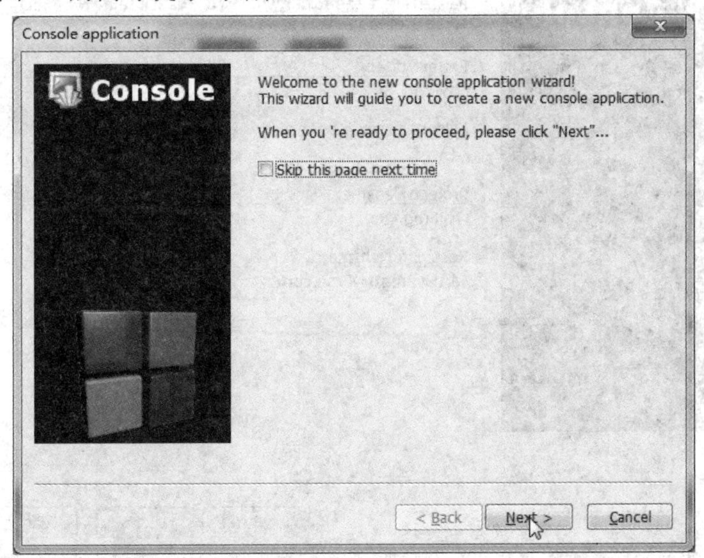

图 F5　向导提示

在对话框中勾选“Skip this page next time(下次是否不再显示此窗口)”项，再单击“Next”按钮进入下一步。

③ 弹出如图 F6 所示的编程语言选择对话框。对话框中有 C 和 C++ 两个选项，选择 C 则表示编写 C 控制台应用程序。这里以编写 C 控制台应用程序为例，因此选择 C，再单击 Next 按钮进入下一步。

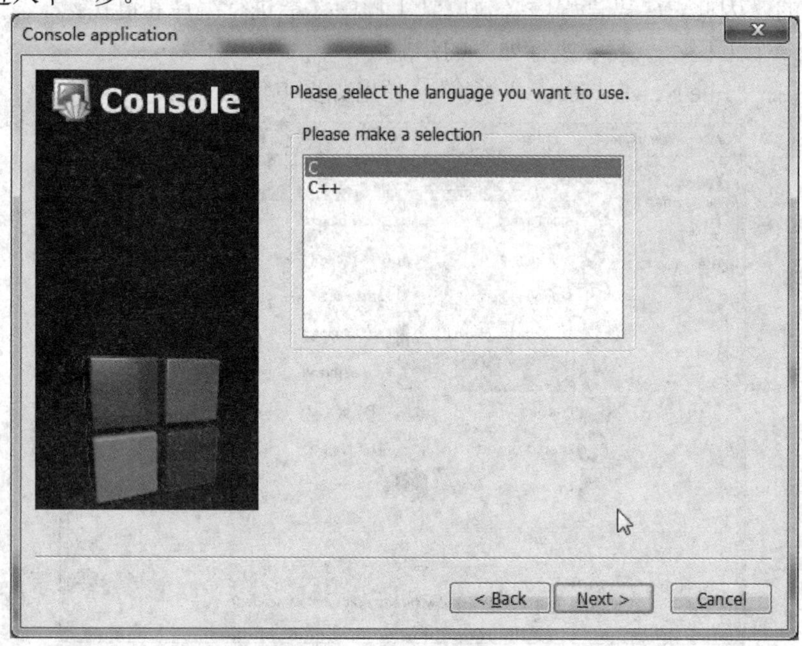

图 F6　选择编程语言

④ 在弹出的如图 F7 的对话框中，设置要创建工程(Project)的信息。

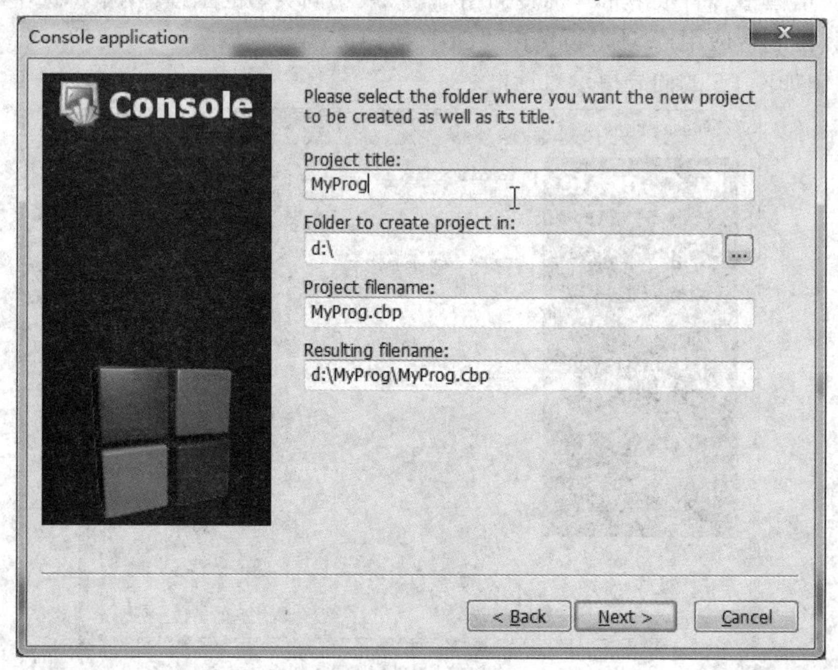

图 F7　设置工程信息

对话框中有 4 个需要填写文字的地方，填上前两个(工程名和工程文件夹路径)，后两个位置需要填写的内容可以自动生成。然后选择 Next 按钮进入下一步。

⑤ 弹出如图 F8 所示的选择编译器的对话框。

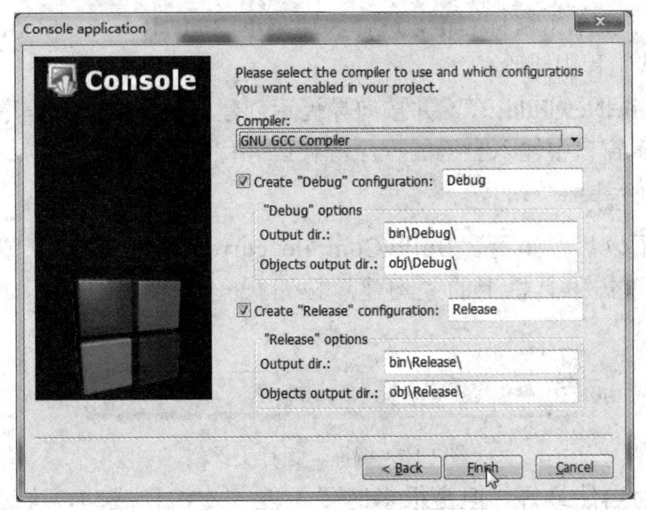

图 F8 选择编译器

编译器选项选择默认的编译器“GNU GCC Complier”。

单击 Finish 按钮，则创建了一个名为 MyProg 的工程。

2. 编辑源程序

如图 F9 所示，在左侧的“Project”窗口中，若在刚建立的工程题头上(MyProg)点击鼠标右键，可从快捷菜单中选择“Add files…”将一个已经存在的文件添加到工程中；选择“Remove files…”从当前工程中删除文件。

在“Projects”窗口中，用鼠标逐级点击⊞使之变成⊟，可依次展开左侧的 MyProg→Sources→main.c 项，最后再双击“main.c”项，则在右侧的源代码窗口中显示程序文件 main.c 的源代码。

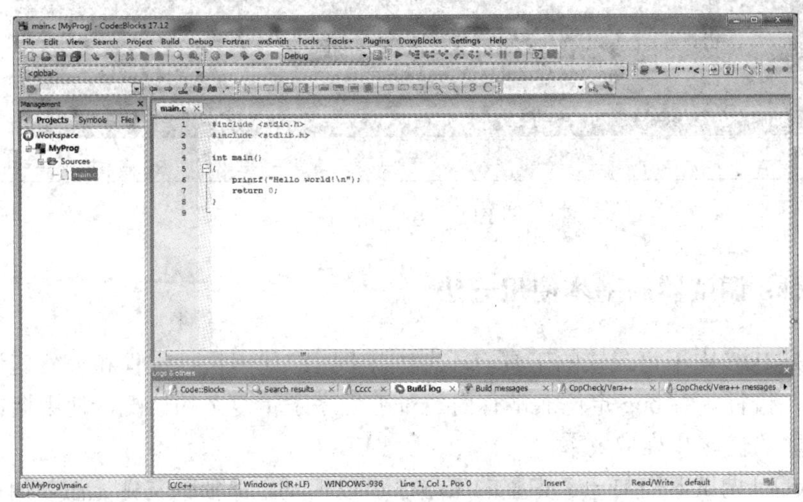

图 F9 工程及源代码编辑窗口

main.c 是系统预先编制好的示例程序代码，可以直接运行，也可以将函数 main 中的程序代码删除后输入自己的程序代码，但此时保存源代码的文件名是 main.c。

若要输入自己的代码并保存为 main.c 之外的其它文件名，则需执行如下步骤：

① 先在 main.c 上单击鼠标右键，选择快捷菜单中的“Remove file from project”，将系统创建的 main.c 从工程中删除。

② 再选择“File|New|File…”，并按向导提示创建自己命名的源程序。

③ 在代码编辑窗口中输入自己的程序源代码并保存。

3. 编译、链接程序

程序编辑好了以后，执行“Build|Compile current file(编译)”或“Build|Build(构建)”菜单项，或单击工具栏上的“构建”按钮，如图 F10 所示。对程序进行编译和链接。

图 F10　编译、运行工具栏

一次编译成功当然最好，但是很多时候不能一次编译成功，这时需要根据给出的出错信息修改源程序，然后重新编译，可能需要反复进行这个过程，直到编译成功，才能运行程序。

4. 运行程序

编译链接没有错误后，就可以试运行程序了。执行“Build|Run”菜单项，或单击工具栏上的“执行”按钮，即可试运行你的程序，输出窗口如图 F11 所示。

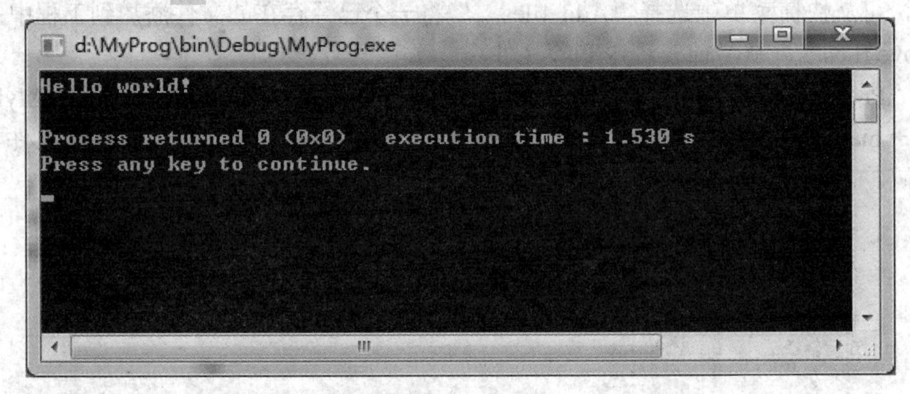

图 F11　运行结果窗口

Code::Blocks 调试器的基本使用方法

调试器是 IDE 中不可或缺的工具。调试器用于跟踪代码执行过程和观察变量值是否按预期的情况在执行，对 bug 定位非常有用。对于程序逻辑复杂的情况，使用调试器可以极大地提高程序的优化和维护效率。

CodeBlocks 调试器需要一个完整的工程才可以启动，单独的文件无法使用调试器。使用调试器，创建的工程最好在英文路径下，路径不能包含中文字符，也不能包含空格符。

1. 启动调试器

一般地，调试器的按钮可以在工具栏找到，如图 F12 所示。也可从 Debug 菜单中选择相关菜单项启动调试器。

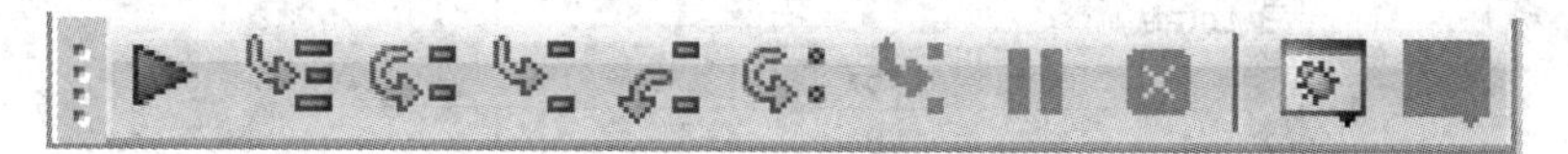

图 F12　调试器工具栏

2. 调试程序

① 添加断点。使用调试器时需要让程序在需要的位置中断，可在启动调试器前设置断点。选择代码所在行并右击鼠标，从快捷菜单中选择“Toggle breakpoint”即可将该行设置为断点，如图 F13 所示。

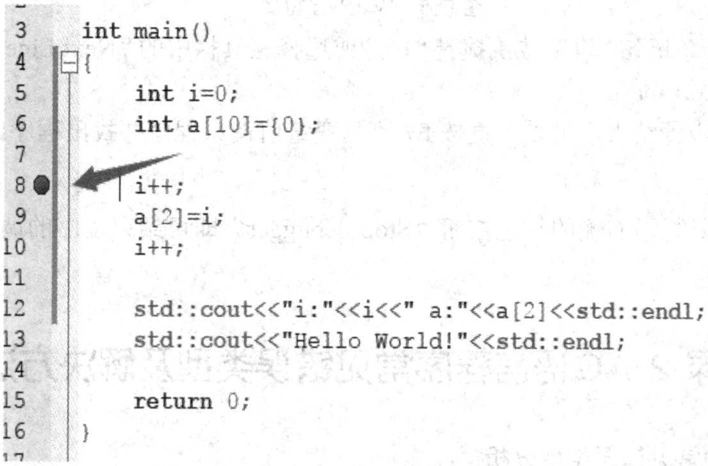

```
3   int main()
4   {
5       int i=0;
6       int a[10]={0};
7
8 ●     i++;
9       a[2]=i;
10      i++;
11
12      std::cout<<"i:"<<i<<" a:"<<a[2]<<std::endl;
13      std::cout<<"Hello World!"<<std::endl;
14
15      return 0;
16  }
```

图 F13　设置断点

② 点击开始调试。可以在 Debug 菜单下选择“Start/Continue”或快捷键“F8”，或者工具栏的调试开始按钮(红色)，即进入调试状态。

③ 选择单步运行。Debug 菜单下选择“Step into”或者工具栏的单步调试按钮。代码窗口出现一个黄色箭头，表示调试开始，如图 F14 所示。此后，每点击一下单步调试按钮就会执行程序中的一行代码。

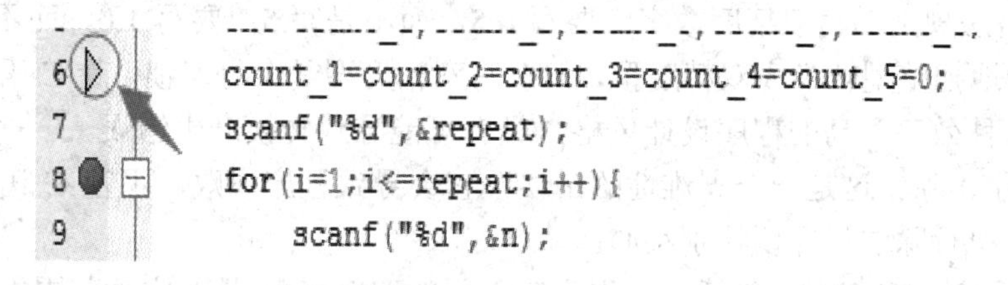

图 F14　单步运行

④ 选择变量监视窗口。可以在 Debug 菜单下选择“Debugging Windows”->“Watches”，弹出变量监视窗口，如图 F15 所示。Code::Blocks 可以自动显示代码中所有变量的监测情

况，可根据需要删除或添加。

Watches (new)

Function arguments		
⊟ Locals		
i	67	
j	8	
repeat	1997567181	
n	1997566938	
grade	-2	
count_1	75	
count_2	4201056	
count_3	4201150	
count_4	6356884	

图 F15　Watches 窗口

⑤ 执行下一条语句。可以按快捷键“F7”或选择工具栏中的“Next Line”，或者 Debug 菜单下选择“Next Line”。

至此，调试步骤结束，可以一直按 F7 监测变量值调试程序并找出程序问题。

3. 结束调试

点击调试工具栏最右侧的红色按钮“Stop debugger”即可结束程序的调试，返回到程序编辑状态。

附录 2　C 语言程序常见错误类型及解决方法

1. 编译时的常见错误类型分析

(1) 数据类型错误。此类错误是初学者编程时的常见现象，下面是一些要引起注意的错误。

① 所有变量和常量必须要加以说明。

② 变量只能赋给相同类型的数据。

③ 对 scanf()语句，用户可能会输入错误类型的数据项，这将导致程序运行时出错，并报出错信息。为避免这样的错误出现，需要提示用户输入正确类型的数据。

④ 在执行算术运算时要注意：

a. 根据语法规则书写双精度数字。要写 0.5，而不是写.5；要写 1.0，而不是 1。尽管 C 语言会自动地把整型转换成双精度型，但书写双精度型是个好习惯。让 C 语言为你做强行转换这是一种效率不高的程序设计风格，且有可能导致转换产生错误。

b. 不要用 0 除。这是一个灾难性的错误，它会导致程序失败，不管 C 语言的什么版本都是如此，执行除法运算要特别小心。

c. 确保所有的双精度数(包括那些程序输入用的双精度数)是在实数范围之内。

d. 所有整数必须在整数允许的范围内。这适用于所有计算结果，包括中间结果。

(2) 若语句后面的“;”忘掉，错误提示色棒将停在该语句下的一行，并显示：

Statement missing ; in function <函数名>

(3) 错误地在 #include、#define、for～、switch～ 等语句尾加了“;”号。

(4) “{”和“}”、“(”和“)”、“/*”和“*/”不匹配。引时色棒将位于错误所在的行，并提示出有关丢掉括号的信息。

(5) 没有用#include 指令说明头文件，错误信息提示有关该函数所使用的参数未定义。

(6) 使用了 C 语言保留关键字作为标识符，此时将提示定义了太多数据类型。

(7) 使用了未定义的变量，或将定义变量语句放在了执行语句后面，此时屏幕显示：

Undefined symbol '<变量名>' in function <函数名>

(8) 将关系符“==”误用作赋值号“=”。此时屏幕显示：

Lvalue required in function <函数名>

【查找和排除程序编译中的错误】

要排查程序中的错误，一般直接对程序进行编译。不能通过编译过的程序实际上还不是合法的程序，因为它不满足 C 语言对于程序的基本要求。通过编译检查系统发现的第一个错误，弄清并改正它。

在编译过程中，系统发现的错误主要有两类：基本语法错误和上下文关系错误。这些错误都在表面上，也是比较容易弄清和容易解决的。关键是需要熟悉 C 语言的语法规定和有关上下文关系的规定，按照这些规定检查程序正文，看看存在什么问题。

编译中系统发现错误都能指出错误的位置。不同系统在错误定位的准确性方面有所不同。有的系统只能指明发现错误的行，有的系统还能够指明行内位置。一般而言，系统指明的位置未必是真实错误出现的位置，要确认第一个错误的原因，应该从系统指明的位置开始，在哪里检查，并从哪里开始向前检查。

系统的错误信息中都包含一段文字，说明它所认定的错误原因，通常该段文字提供了有关错误的重要线索。但错误信息未必准确，在查找错误时，既要重视系统提供的错误信息，又不应为系统的错误信息所束缚，应根据该提示信息结合自己所学的 C 语言的语法规则来进行判断。

发现了问题，要想清楚错误的真正原因，然后再修改，不要蛮干。这时的最大诱惑就是想赶快改，看看错误会不会消失，但是蛮干的结果常常是原来的错误没有改好，又出现了新的错误。

另一个值得注意的地方是程序中的一个语法错误常常会导致编译系统产生许多错误信息。如果你改正了程序中一个或几个错误，下面的弄不清楚，那么就应该重新编译。改正一处常常能消去许多错误信息行。

【解决语法错误】

(1) 常见语法错误。

① 缺少语句、声明、定义结束的分号。

② 某种括号不配对。C 语言中括号性质的东西很多，列举如下：

( ), [ ], { }, ' ', " ", /* */。在不同位置的括号不配对可能引起许多不同的错误信息。

③ 关键字拼写错误。

较难认定的典型错误：宏定义造成的错误。

这种错误不能在源程序文件中直接看到，它是在宏替换之后出现的。常见的能引起语法错误的宏定义错误为宏定义中有不配对的括号，宏定义最后加了不该有的分号等。

(2) 解决上下文关系错误。

① 变量没有定义。产生这个问题的原因除了变量确实没有定义以外，还可能是变量的拼写错误，变量的作用域问题(即在不能使用某个变量的地方想去用那个变量)。

② 变量重复定义。例如在同一个作用域里用同样的名字定义了两个变量，函数的局部变量与参数重名等。

③ 函数的重复定义。可能是用同一个名字定义了两个不同的函数。或者是写出的函数原型在类型上与该函数的定义不相符。有时没有原型而直接写函数调用也可能会导致这种错误信息，因为编译程序在遇到函数调用而没有看到函数原型或函数定义时，将给函数假定一个默认原型。如果后来见到的函数定义与假定不符，就会报告函数重复定义错误。

④ 变量类型与有关运算对运算对象或者函数对参数的要求不符。例如有些运算(如 %)要求整数参数，而用的是某种浮点数。

⑤ 有些类型之间不能互相转换。例如定义了一个结构变量，而后要用它给整数赋值。系统容许的转换包括：数值类型之间的转换，整数和指针之间的转换，指针之间的转换。其余转换(无论是隐含的，还是写出强制)都是不允许的。

【如何看待编译警告(Warning)】

当编译程序发现程序中某个地方有疑问，可能有问题时就会给出一个警告信息。警告信息可能意味着程序中隐含的大错误，也可能确实没有问题。对于警告的正确处理方式应该是尽可能地消除之。对于编译程序给出的每个警告都应该仔细分析，看看是否真的有问题，只有那些确实无问题的警告才能放下不管。

注意：经验表明，警告常常意味着严重的隐含错误。

常见警告有：

① (局部自动)变量没有初始化就使用。如果对局部指针变量出现这种情况，后果不堪设想。对于一般局部自动变量，没有初始化就使用它的值也不会是有意义的。

② 在条件语句或循环语句的条件中写了赋值。大部分情况是误将“==”(等于判断)写成“=”(赋值)了。这是很常见的程序错误，有些编译程序对这种情况提出警告。

③ 函数没有返回值。当函数的类型不是 void 时，一般都要求在函数中用 return 语句返回一个值。而 C 程序中，当函数定义没有指定它的类型时，系统就默认为 int 型，这恰恰是人们容易忽略的地方，因而函数中也就不提供返回值，编译程序对这种情况提出警告。

2. 链接时的常见错误类型分析

(1) 缺少定义。当程序中出现对某个外部对象的使用，而链接程序找不到对应的定义时，会产生这个错误。缺少定义错误的常见原因如下。

① 名字拼写错误。例如将 main 拼写为 mian，连接时就会产生缺定义的连接错误。因为程序的基本允许模块里有一个对 main 的调用，连接程序需要找它的定义而没有找到。调用自己的函数名字写错的情况也很常见。此时屏幕显示： Undefined symbol '<函数名>' in <程序名>。

② 程序调用的子函数真的没有定义。如果真是缺了定义，那就只能设法补上。

(2) 重复定义。当被连接的各个部分中出现某个名字的多个定义时，会产生这个错误。

重复定义错误的常见原因如下。

① 重复定义可能是自己(在不同源文件里)定义的两个东西采用了同样的名字，或者是自己定义的东西恰好与C语言系统内部定义的某个东西重名。这时都需要改名字。

② 可能在一个文件里定义了某个变量，而在另一个文件里需要使用它，但却忘记在变量说明前加extern 关键字。

③ 有些连接程序只按照外部名字的前X个(常见的是前6个，这是C语言标准的最低要求)字符考虑连接问题。如果你程序里有多个对象前6个字符相同，或者恰好某个对象名字的前6个字符与编译系统所提供模块里的某个名字相同，那么就可能出问题。

解决办法：找出出现冲突的名字，系统地将它们改为另外的名字。或将所有只在一个文件里使用的外部对象定义为static，可以避免在多个文件里定义的东西互相冲突。

(3) 多个文件链接时，没有创建项目文件(.PRJ 文件)，此时出现找不到函数的错误。

(4) 子函数在说明和定义时类型不一致。

【查找和排除链接错误】

链接是编译完成后的下一个程序加工步骤。在这个步骤中，链接程序的工作主要是：将所有需要的目标代码(包括有编译产生的目标代码和系统提供的一些库函数目标代码)拼装到一个文件中(这是最后可执行文件的基础)并将外部对象(如外部变量)的使用和定义链接起来，形成最后的可执行文件。

3. 运行时的常见错误类型分析

(1) 路径名错误。在C语言中斜杠是某个字符串的一个转义字符，因此在程序中用字符串给出一个路径名时应考虑“\”的转义的作用。例如，有这样一条语句：

```
file=fopen("c:\new\tbc.dat","rb");
```

其目的是打开C盘中NEW目录中的TBC.DAT文件，但做不到。这里“\”后面紧接的分别是“n”及“t”，“\n”及“\t”将被分别编译为换行及tab字符，系统将认为它是不正确的文件名而拒绝接受，因为文件名中不能和换行或tab字符重复。正确的写法应为：

```
file=fopen("c:\\new\\tbc.dat","rb");
```

(2) 格式化输入输出时，规定的类型与变量本身的类型不一致。例如：

```
float x;
printf("%c",x);
```

(3) scanf()函数中将变量地址写成变量(未加地址符&)。例如：

```
int i;
scanf("%d",i);
```

(4) 循环语句中，循环控制变量在每次循环未进行修改，导致循环成为无限循环。

(5) switch 语句中没有使用 break 语句。

(6) 将赋值号“=”误用作关系符“==”，造成运行逻辑错误。

(7) 多层条件语句的 if 和 else 不配对。

(8) 用动态内存分配函数 malloc()或 calloc()分配的内存区使用完之后，未用 free()函数释放，会导致函数前几次调用正常，而后面调用时发生死机现象，不能返回操作系统。其原因是因为没用空间可供分配，而占用了操作系统在内存中的某些空间。

(9) 使用了动态分配内存不成功的指针，造成系统破坏。

(10) 在对文件操作完成后，没有及时关闭打开的文件。

【查找和排除程序运行中发现的错误】

运行时发现的程序错误可以分为两类：一类是程序中某些地方执行了违反 C 语言规定的操作，由此产生某种影响导致程序出错；另一类问题出在程序本身，例如程序的算法不对或者是程序写的不对(没有表达你所想做的算法)，这些一般称为逻辑错误。这种问题分类只是有提示性，并不是绝对的，有时也很难划分清楚。

(1) 违规型的错误。

最常见的违规错误是非法地址访问。有些系统对这类错误完全不检查，可能会造成很严重的后果，常常会破坏系统，造成死机或者奇怪的系统行为。有些系统管理比较严格，可能确认程序非法访问而将其 kill 掉。

① 对空指针、未初始化的指针的间接访问。这涉及到对指针值所确定地址的访问，常常是非法的。

② 把整数或者其他变量当作指针使用，造成访问非法地址的情况。例如，假定 n 和 x 分别是整的和双精度的变量；下面语句将它们的值当作指针值使用，形成非法访问：

```
scanf("%d %lf", n, x);
```

③ 数组的越界访问。效果无法预料，有时可能被系统检查出来，有时可能检查不出来，造成奇怪的程序行为。

(2) 逻辑型的错误(语义错误)。

一类常见错误是计算溢出、除零等。C 语言对于无符号数的上溢出(超出表示范围)自动丢掉最高位，对于一般整数类型、浮点数类型，语言的标准本身并没有明确规定，不同 C 语言系统的处理方式可能不同。大部分 C 语言系统忽略整数溢出的情况。无论如何，出现溢出往往会造成结果与预想的东西不符。

附录 3　Visual C++ 常见错误信息对照表

Visual C++ 编译器可报告多种类型的错误和警告。发现错误或警告后，编译器可做出有关代码意图的假设并尝试继续，所以此时可能会报告更多问题。纠正项目中的问题时，请始终先纠正报告的第一个错误或警告，然后在通常情况下重新编译。

1. 编译错误信息

- **error C1001: Internal complier error**

致命错误 C1001 内部编译器错误。这是 VC 自身存在的 BUG。该问题最早在 Microsoft Visual Studio 6.0 Service Pack 6 中得到纠正。要解决该问题，请到微软网站下载最新版本的 Visual C++ 6.0 Service Pack。

- **error C1002: compiler is out of heap space in pass 2**

编译器在其第 2 阶段中的堆空间不足。可能是因为源文件太大，或者是某些表达式太复杂。请把文件或者把表达式分解一下。

- **error C1003: error count exceeds number; stopping compilation**

错误太多，停止编译。修改之前的错误，再次进行编译。

- **error C1004: unexpected end of file found**

发现意外的文件结束。一般是一个函数或者一个结构定义缺少“}”，或者在一个函数调用或表达式中括号没有配对出现，或者注释符“/*…*/”不完整等。

- **error C1005: string too big for buffer**

字符串过大，无法缓冲。编译器中间文件内的字符串溢出了缓冲区。

- **error C1009: compiler limit : macros nested too deeply**

编译器限制：宏嵌套太深。编译器的限制为 256 级嵌套宏，可拆分为更简单的宏嵌套的宏。

- **error C1010: unexpected end of file while looking for precompiled header directive。**

寻找预编译头文件路径时遇到了不该遇到的文件尾。一般是没有#include "stdafx.h"。

- **error C1012: unmatched parenthesis : missing character**

括号不匹配：缺少字符。预处理器指令中的括号不匹配。

- **error C1057: unexpected end of file in macro expansion**

宏扩展中遇到意外的文件结束。编译器在收集宏调用的参数，很可能是由于宏调用中缺少右括号时到达源文件的末尾。

- **error C1071: unexpected end of file found in comment**

在注释中遇到意外的文件结束。

通过检查以下可能的原因进行修复：

① 缺少注释终止符“*/”。

② 注释的源代码文件的最后一行后缺少换行字符。

- **error C1081: 'XXX': file name too long**

文件名 XXX 太长。文件路径名的长度超过了_MAX_PATH(由 stdlib.h 定义为 260 个字符)。解决方法是缩短该文件的名称。

- **error C1083: Cannot open include file: 'xxx': No such file or directory**

不能打开包含文件“xxx”：没有这样的文件或目录。

- **error C1091: compiler limit: string exceeds 'length' bytes in length**

编译器限制：字符串长度超过“length”个字节。字符串常量超过当前的字符串长度限制。

- **error C1903: unable to recover from previous error(s); stopping compilation**

无法从之前的错误中恢复，停止编译。引起错误的原因很多，建议先修改之前的错误。

- **error C2001: newline in constant**

在常量中创建新行(字符串常量多行书写)。

错误原因可能有：

① 字符串常量、字符常量中是否有换行。

② 在这句语句中，某个字符串常量的尾部是否漏掉了双引号。

③ 在这句语句中，某个字符串常量中是否出现了双引号字符"""，但是没有使用转义符"\""。

④ 在这句语句中，某个字符常量的尾部是否漏掉了单引号。

⑤ 是否在某句语句的尾部，或语句的中间误输入了一个单引号或双引号。

- **error C2006: #include expected a filename, found 'identifier'**

#include 命令中需要文件名。一般是头文件未用一对双引号或尖括号括起来，例如“#include stdio.h”。

- **error C2007: #define syntax**

#define 语法错误。例如“#define”后缺少宏名，例如“#define”。

- **error C2008: 'xxx' : unexpected in macro definition**

宏定义时出现了意外的 xxx。宏定义时宏名与替换串之间应有空格，例如“#define TRUE"1"”。

- **error C2009: reuse of macro formal 'identifier'**

带参宏的形式参数重复使用。宏定义如有参数不能重名，例如“#define s(a,a) (a*a)”中参数 a 重复。

- **error C2010: 'character' : unexpected in macro formal parameter list**

带参宏的形式参数表中出现未知字符。例如“#define s(r|) r*r”中参数多了一个字符‘|’。

- **error C2011: 'C……': 'class' type redefinition**

类“C……”重定义。

- **error C2014: preprocessor command must start as first nonwhite space**

预处理命令前面只允许空格。每一条预处理命令都应独占一行，不应出现其他非空格字符。

- **error C2015: too many characters in constant**

常量中包含多个字符。字符型常量的单引号中只能有一个字符，或是以“\”开始的一个转义字符。如果单引号中的字符数多于 4 个，就会引发这个错误。例如“char error = 'error';”。

- **error C2017: illegal escape sequence**

转义字符非法。一般是转义字符位于' '或" "之外，例如“char error = ' '\n;”。

- **error C2018: unknown character '0xa3'**

不认识的字符'0xa3'。'0xa3'是字符 ASC 码的十六进制表示法。一般是输入了汉字或中文标点符号或全角的字母、数字，例如“char error = 'E'; ”中“；”为中文标点符号。

- **error C2019: expected preprocessor directive, found 'character'**

期待预处理命令，但有无效字符。一般是预处理命令的#号后误输入其他无效字符，例如“#!define TRUE 1”。

- **error C2021: expected exponent value, not 'character'**

期待指数值，不能是字符。一般是浮点数的指数表示形式有误，例如 123.456E。

• **error C2039: 'identifier1' : is not a member of 'identifier2'**

标识符 1 不是标识符 2 的成员。程序错误地调用或引用结构体、共用体、类的成员。

• **error C2041: illegal digit 'x' for base 'n'**

对于 n 进制来说数字 x 非法。一般是八进制或十六进制数表示错误，例如“int i = 081;”语句中数字‘8’不是八进制的基数。

• **error C2048: more than one default**

default 语句多于一个。switch 语句中只能有一个 default，删去多余的 default。

• **error C2050: switch expression not integral**

switch 表达式不是整型的。switch 表达式必须是整型(或字符型)，例如“switch ("a")”中表达式为字符串，这是非法的。

• **error C2051: case expression not constant**

case 表达式不是常量。case 表达式应为常量表达式，例如“case "a"”中“"a"”为字符串，这是非法的。

• **error C2052: 'type' : illegal type for case expression**

case 表达式类型非法。case 表达式必须是一个整型常量(包括字符型)。

• **error C2057: expected constant expression**

希望是常量表达式。一般出现在 switch 语句的 case 分支中。

• **error C2058: constant expression is not integral**

常量表达式不是整数。一般是定义数组时数组长度不是整型常量。

• **error C2059: syntax error : 'xxx'**

‘xxx’语法错误。引起错误的原因很多，可能多加或少加了符号 xxx。

• **error C2064: term does not evaluate to a function**

无法识别函数语言。

分析：① 函数参数有误，表达式可能不正确。例如“sqrt(s(s-a)(s-b)(s-c));”中表达式不正确。

② 变量与函数重名或该标识符不是函数。例如“int i,j; j=i();”中 i 不是函数。

• **error C2065: 'xxx' : undeclared identifier**

未声明过的标识符 xxx。标识符包括变量名、常量名、函数名、类名等，所有的标识都必须先定义，后使用。

分析：① 如果 xxx 为 cout、cin、scanf、printf、sqrt 等，则程序中包含头文件有误。

② 未定义变量、数组、函数原型等，注意拼写错误或区分大小写。

• **error C2078: too many initializers**

初始值过多。一般是数组初始化时初始值的个数大于数组长度，例如“int b[2]={1,2,3};”。

• **error C2082: redefinition of formal parameter 'xxx'**

函数参数“xxx”在函数体中重定义。

• **error C2084: function 'xxx' already has a body**

已定义函数 xxx。在 VC++早期版本中函数不能重名，6.0 版本中支持函数的重载，函数名可以相同但参数不一样。

- **error C2086: 'xxx' : redefinition**

标识符 xxx 重定义。可能是变量名、数组名重名。

- **error C2087: '<Unknown>' : missing subscript**

下标未知。一般是定义二维数组时未指定第二维的长度，例如“int a[3][];”。

- **error C2100: illegal indirection**

非法的间接访问运算符“*”。一般是对非指针变量使用“*”运算。

- **error C2105: 'operator' needs l-value**

操作符需要左值。例如“(a+b)++;”语句，“++”运算符无效。

- **error C2106: 'operator': left operand must be l-value**

操作符的左操作数必须是左值。例如“a+b=1;”语句“=”运算符左值必须为变量，不能是表达式。

- **error C2110: cannot add two pointers**

两个指针量不能相加。例如“int *pa,*pb,*a; a = pa + pb;”中两个指针变量不能进行“+”运算。

- **error C2117: 'xxx' : array bounds overflow**

数组 xxx 边界溢出。一般是字符数组初始化时字符串长度大于字符数组长度，例如“char str[4] = "abcd";”。

- **error C2118: negative subscript or subscript is too large**

下标为负或下标太大。一般是定义数组或引用数组元素时下标不正确。

- **error C2124: divide or mod by zero**

被零除或对 0 求余。例如“int i = 1 / 0;”除数为 0。

- **error C2133: 'xxx' : unknown size**

数组 xxx 长度未知。一般是定义数组时未初始化也未指定数组长度，例如“int a[];”。

- **error C2137: empty character constant。**

字符型常量为空。原因是连用了两个单引号，而中间没有任何字符，这是不允许的。

- **error C2143: syntax error: missing '; ' before '{'**

句法错误：“{”前缺少“;”。

- **error C2144: syntax error : missing ')' before type 'xxx'**

在 xxx 类型前缺少‘)’。一般是函数调用时定义了实参的类型。

- **error C2146: syntax error : missing ';' before identifier 'dc'**

句法错误：在“dc”前丢了“;”。

- **error C2181: illegal else without matching if**

非法的没有与 if 相匹配的 else。可能多加了“;”或复合语句没有使用“{}”。

- **error C2196: case value 'XX' already used**

值 XX 已经用过。一般出现在 switch 语句的 case 分支中。

- **error C2296: '%' : illegal, left operand has type 'float'**

%运算的左操作数类型为 float，这是非法的。求余运算的对象必须均为 int 类型，应正确定义变量类型或使用强制类型转换。

- **error C2297: '%' : illegal, right operand has type 'float'**

%运算的右操作数类型为 float，这是非法的。求余运算的对象必须均为 int 类型，应正确定义变量类型或使用强制类型转换。

- **error C2371: 'xxx' : redefinition; different basic types**

标识符 xxx 重定义；基类型不同。可能是定义变量、数组等时重名。

- **error C2374: 'xxxx' : redefinition; multiple initialization**

“xxxx”重复申明，多次初始化。变量“xxxx”在同一作用域中定义了多次，并且进行了多次初始化。

- **error C2440: '=' : cannot convert from 'char [2]' to 'char'**

赋值运算，无法从字符数组转换为字符。不能用字符串或字符数组对字符型数据赋值，更一般的情况，类型无法转换。

- **error C2447: missing function header (old-style formal list?)**

缺少函数标题(是否是老式的形式表？)。

分析：函数定义不正确，此错误可能是由于函数首部的“( )”后多了分号或采用了老式的 C 语言形参列表引起。类似如下的函数定义：

```
int grow_expansion(elen, e, b, h)
int elen;
REAL *e;
REAL b;
REAL *h;
{
    // function definition
}
```

新版的编译器已经不支持了。

可改为如下形式：

```
int grow_expansion(int elen,REAL *e,REAL b,REAL *h)
{
    // function definition
}
```

- **error C2448: '<Unknown>' : function-style initializer appears to be a function definition**

函数样式初始值设定项看起来像函数定义。

分析：函数定义不正确，此错误可能是函数首部的“( )”后多了分号或者采用了老式的 C 语言形参列表引起。解决方法同 error C2447。

- **error C2450: switch expression of type 'xxx' is illegal**

switch 表达式为非法的 xxx 类型。

分析：switch 表达式类型应为 int 或 char。

- **error C2466: cannot allocate an array of constant size 0**

不能分配长度为 0 的数组。

分析：一般是定义数组时数组长度为 0。

- **error C2509: 'OnTimer' : member function not declared in 'CHelloView'**

成员函数“OnTimer”没有在“CHelloView”中声明。

- **error C2511: 'reset': overloaded member function 'void (int)' not found in 'B'**

重载的函数“void reset(int)”在类“B”中找不到。

- **error C2555: 'B::f1': overriding virtual function differs from 'A::f1' only by return type or calling convention**

类 B 对类 A 中同名函数 f1 的重载仅根据返回值或调用约定上的区别。

- **error C2601: 'xxx' : local function definitions are illegal**

函数 xxx 定义非法。

分析：一般是在一个函数的函数体中定义另一个函数。

- **error C2632: 'type1' followed by 'type2' is illegal**

类型 1 后紧接着类型 2，这是非法的。

分析：例如“int float i;”语句。

- **error C2660: 'xxx' : function does not take n parameters**

“xxx”函数不传递 n 个参数。一般是调用函数时实参个数不对。

- **error C2664: 'xxx' : cannot convert parameter n from 'type1' to 'type2'**

函数 xxx 不能将第 n 个参数从类型 1 转换为类型 2。一般是函数调用时实参与形参类型不一致。

- **error C2676: binary '<<' : 'class istream_withassign' does not define this operator or a conversion to a type acceptable to the predefined operator**

- **error C2676: binary '>>' : 'class ostream_withassign' does not define this operator or a conversion to a type acceptable to the predefined operator**

二进制运算符“>>”(“<<”)：type 未定义该运算符或转换为可接受类型为预定义的运算符。

分析：“>>”、“<<”运算符使用错误，例如“cin<<x; cout>>y;”。

- **error C4716: 'xxx' : must return a value**

函数 xxx 必须返回一个值。仅当函数类型为 void 时，才能使用没有返回值的 return 命令。

2. 编译警告信息

- **warning C4003: not enough actual parameters for macro 'xxx'**

宏 xxx 没有足够的实参。一般是带参宏展开时未传入参数。

• **warning C4035: 'f……': no return value**

"f……"的 return 语句没有返回值。

• **warning C4553: '= =' : operator has no effect; did you intend '='?**

没有效果的运算符"= ="；是否改为"="？

• **warning C4067: unexpected tokens following preprocessor directive - expected a newline**

预处理命令后出现意外的符号 - 期待新行。

• **warning C4091: ignored on left of 'type' when no variable is declared**

当没有声明变量时忽略类型说明。

分析：语句"int ;"未定义任何变量，不影响程序执行。

• **warning C4101: 'xxx' : unreferenced local variable**

变量 xxx 定义了但未使用。可去掉该变量的定义，不影响程序执行。

• **warning C4244: '=' : conversion from 'type1' to 'type2', possible loss of data**

赋值运算，从数据类型 1 转换为数据类型 2，可能丢失数据。

分析：需正确定义变量类型，当数据类型 1 为 float 或 double、数据类型 2 为 int 时，结果有可能不正确，当数据类型 1 为 double、数据类型 2 为 float 时，不影响程序结果，可忽略该警告。

• **warning C4305: 'initializing' : truncation from 'const double' to 'float'**

初始化，截取双精度常量为 float 类型。出现在对 float 类型变量赋值时，一般不影响最终结果。

• **warning C4390: ';' : empty controlled statement found; is this the intent?**

'；'控制语句为空语句，是程序的意图吗？

分析：if 语句的分支或循环控制语句的循环体为空语句，一般是多加了"；"。

• **warning C4508: 'xxx' : function should return a value; 'void' return type assumed**

函数 xxx 应有返回值，假定返回类型为 void。一般是未定义 main 函数的类型为 void，不影响程序执行。

• **warning C4552: 'operator' : operator has no effect; expected operator with side-effect**

运算符无效果；期待副作用的操作符。

• **warning C4553: '==' : operator has no effect; did you intend '='?**

"=="运算符无效；是否为"="？

• **warning C4700: local variable 'xxx' used without having been initialized**

局部变量 xxx 没有初始化就使用。

• **warning C4715: 'xxx' : not all control paths return a value**

函数 xxx 不是所有的控制路径都有返回值。一般是在函数的 if 语句中包含 return 语句，当 if 语句的条件不成立时没有返回值。

• **warning C4723: potential divide by 0**

有可能被 0 除。表达式值为 0 时不能作为除数。

• **warning C4804: '<' : unsafe use of type 'bool' in operation**

'<'：不安全的布尔类型的使用。例如关系表达式"0<=x<10"有可能引起逻辑错误。

3. 链接错误信息

• **error LNK1104: cannot open file "Debug/XXX.exe"**

无法打开文件 Debug/XXX.exe。一般是因为 xxx.exe 上一次运行还未关闭，关闭后即可重新编译链接。

• **LINK : error LNK1168: cannot open Debug/xxx.exe for writing**

不能打开 xxx.exe 文件，以改写内容。一般是因为 xxx.exe 上一次运行还未关闭，关闭后即可。

• **error LNK1169: one or more multiply defined symbols found**

出现一个或更多的多重定义符号。

• **error LNK2001: unresolved external symbol "XXX"**

不确定的外部标识符"XXX"。链接不能找到所引用的函数、变量或标签。所引用的函数、变量不存在、拼写不正确或者使用错误。

• **error LNK2005: _main already defined in xxx.obj**

main 函数已经在 xxx.obj 文件中定义。一般是未关闭上一程序的工作空间，导致出现多个 main 函数。

附录四　C 语言常用标准库函数

1. **数学函数**

调用数学函数时，要求在源文件中包下以下命令行。

#include <math.h>

函数原型说明	功　能	返回值	说　明
int abs(int x)	求整数 x 的绝对值	计算结果	
double fabs(double x)	求双精度实数 x 的绝对值	计算结果	
double acos(double x)	计算 arccos(x)的值	计算结果	x 在 -1～1 范围内
double asin(double x)	计算 arcsin(x)的值	计算结果	x 在 -1～1 范围内
double atan(double x)	计算 arctan(x)的值	计算结果	
double atan2(double x)	计算 arctan(x/y)的值	计算结果	
double cos(double x)	计算 arccos(x)的值	计算结果	x 的单位为弧度

续表

函数原型说明	功 能	返回值	说 明
double cosh(double x)	计算双曲余弦 cosh(x)的值	计算结果	
double exp(double x)	求 e^x 的值	计算结果	
double fabs(double x)	求双精度实数 x 的绝对值	计算结果	
double floor(double x)	求不大于双精度实数 x 的最大整数		
double fmod(double x,double y)	求 x/y 整除后的双精度余数		
double frexp(double val, int *exp)	把双精度 val 分解尾数和以 2 为底的指数 n，即 val=x*2^n，n 存放在 exp 所指的变量中	返回位数 x 0.5≤x<1	
double log(double x)	求 ln x	计算结果	x>0
double log10(double x)	求 lg_x	计算结果	x>0
double modf(double val, double *ip)	把双精度 val 分解成整数部分和小数部分，整数部分存放在 ip 所指的变量中	返回小数部分	
double pow(double x, double y)	计算 xy 的值	计算结果	
double sin(double x)	计算 sin(x)的值	计算结果	x 的单位为弧度
double sinh(double x)	计算 x 的双曲正弦函数 sinh(x)的值	计算结果	
double sqrt(double x)	计算 x 的开方	计算结果	x≥0
double tan(double x)	计算 tan(x)	计算结果	
double tanh(double x)	计算 x 的双曲正切函数 tanh(x)的值	计算结果	

2. 字符处理函数

调用字符处理函数时，要求在源文件中包下以下命令行。

```
#include <ctype.h>
```

函数原型说明	功 能	返 回 值
int isalnum(int ch)	检查 ch 是否为字母或数字	是，返回 1；否则返回 0
int isalpha(int ch)	检查 ch 是否为字母	是，返回 1；否则返回 0

续表

函数原型说明	功　能	返 回 值
int iscntrl(int ch)	检查 ch 是否为控制字符	是，返回 1；否则返回 0
int isdigit(int ch)	检查 ch 是否为数字	是，返回 1；否则返回 0
int isgraph(int ch)	检查 ch 是否为 ASCII 码值在 ox21 到 ox7e 的可打印字符(即不包含空格字符)	是，返回 1；否则返回 0
int islower(int ch)	检查 ch 是否为小写字母	是，返回 1；否则返回 0
int isprint(int ch)	检查 ch 是否为包含空格符在内的可打印字符	是，返回 1；否则返回 0
int ispunct(int ch)	检查 ch 是否为除了空格、字母、数字之外的可打印字符	是，返回 1；否则返回 0
int isspace(int ch)	检查 ch 是否为空格、制表或换行符	是，返回 1；否则返回 0
int isupper(int ch)	检查 ch 是否为大写字母	是，返回 1；否则返回 0
int isxdigit(int ch)	检查 ch 是否为 16 进制数	是，返回 1；否则返回 0
int tolower(int ch)	把 ch 中的字母转换成小写字母	返回对应的小写字母
int toupper(int ch)	把 ch 中的字母转换成大写字母	返回对应的大写字母

3. 字符串函数

调用字符函数时，要求在源文件中包下以下命令行。

#include <string.h>

函数原型说明	功　能	返 回 值
char *strcat(char *s1,char *s2)	把字符串 s2 接到 s1 后面	s1 所指地址
char *strchr(char *s,int ch)	在 s 所指字符串中，找出第一次出现字符 ch 的位置	返回找到的字符的地址，找不到返回 NULL
int strcmp(char *s1,char *s2)	对 s1 和 s2 所指字符串进行比较	s1 < s2，返回负数；s1==s2，返回 0；s1 > s2，返回正数
char *strcpy(char *s1,char *s2)	把 s2 指向的串复制到 s1 指向的空间	s1 所指地址
unsigned strlen(char *s)	求字符串 s 的长度	返回串中字符(不计最后的 '\0')个数
char *strstr(char *s1,char *s2)	在 s1 所指字符串中，找出字符串 s2 第一次出现的位置	返回找到的字符串的地址，找不到返回 NULL

4. 输入输出函数

调用字符函数时，要求在源文件中包下以下命令行。

#include <stdio.h>

函数原型说明	功 能	返 回 值
void clearer(FILE *fp)	清除与文件指针 fp 有关的所有出错信息	无
int fclose(FILE *fp)	关闭 fp 所指的文件，释放文件缓冲区	出错返回非 0，否则返回 0
int feof (FILE *fp)	检查文件是否结束	遇文件结束返回 1，否则返回 0
int ferror(FILE *fp)	检测文件读写是否出错	返回值为 0 表示文件读写未出错，否则表示有错
int fgetc (FILE *fp)	从 fp 所指的文件中读取一个字符并将文件的位置指针向后移动一个字节	出错返回 EOF，否则返回所读字符
char *fgets(char *buf,int n, FILE *fp)	从 fp 所指的文件中读取一个长度为 n-1 的字符串并存入 buf 所指的存储区。在读入的最后一个字符后系统自动加上串结束标志'\0'	返回 buf 所指地址，若遇文件结束或出错返回 NULL
FILE *fopen(char *filename,char *mode)	以 mode 指定的方式打开名为 filename 的文件。mode 由“r”(只读),“w”(只写),“a”(追加),“+” (可读可写),“t”(文本文件),“b”(二进制文件)六个字符拼成，也可组合使用表示不同的含义。如:“rt”、“rb”、 “at+”等	成功,返回文件指针(文件信息区的起始地址)，否则返回 NULL
int fprintf(FILE *fp, char *format, args,…)	把 args,…的值以 format 指定的格式输出到 fp 指定的文件中	实际输出的字符数
int fputc(char ch, FILE *fp)	把 ch 中字符输出到 fp 指定的文件中	成功返回该字符，否则返回 EOF
int fputs(char *str, FILE *fp)	把 str 所指字符串输出到 fp 所指文件	成功返回非负整数,否则返回-1(EOF)
int fread(char *pt, unsigned size,unsigned n, FILE *fp)	从 fp 所指文件中读取长度为 size 的 n 个数据项并存到 pt 所指的数据块中	读取的数据项个数
int fscanf (FILE *fp, char *format, args,…)	从 fp 所指的文件中按 format 指定的格式读出数据并存到 args,…所指的变量中。format 指定的格式与 scanf 相同	已输入的数据个数,遇文件结束或出错返回 0

续表

函数原型说明	功　能	返 回 值
int fseek (FILE *fp, long offer,int base)	移动 fp 所指文件的位置指针。offer 表示移动的字节数，要求 long 型数据。base	成功返回当前位置，否则返回非 0
	表示从何处开始计算位移量，规定的起始点有三种：SEEK_SET 或 0 表示文件首，SEEK_CUR 或 1 当前位置，SEEK_END 或 2 文件尾	
long ftell (FILE *fp)	求出 fp 所指文件当前的读写位置	返回当前文件位置指针的位置，出错则返回 -1L
int fwrite(char *pt, unsigned size, unsigned n, FILE *fp)	把 pt 所指向的 n*size 个字节输入到 fp 所指文件	输出的数据项个数
int getc (FILE *fp)	从 fp 所指文件中读取一个字符	返回所读字符，若出错或文件结束返回 EOF
int getchar(void)	从标准输入设备读取下一个字符	返回所读字符，若出错或文件结束返回 -1
char *gets(char *s)	从标准设备读取一行字符串放入 s 所指存储区，用'\0'替换读入的换行符	返回 s，出错返回 NULL
int printf(char *format,args,…)	把 args,…的值以 format 指定的格式输出到标准输出设备	输出字符的个数
int putc (int ch, FILE *fp)	同 fputc	同 fputc
int putchar(char ch)	把 ch 输出到标准输出设备	返回输出的字符，若出错则返回 EOF
int puts(char *str)	把 str 所指字符串输出到标准设备，将'\0'转成回车换行符	返回换行符，若出错，返回 EOF
int rename(char *oldname, char *newname)	把 oldname 所指文件名改为 newname 所指文件名	成功返回 0，出错返回 -1
void rewind(FILE *fp)	将文件位置指针置于文件开头	无
int scanf(char *format,args,…)	从标准输入设备按 format 指定的格式把输入数据存入到 args,…所指的内存中	已输入的数据的个数

5. 动态分配函数和随机函数

调用字符函数时，要求在源文件中包括以下命令行：

#include <stdlib.h>

函数原型说明	功　能	返 回 值
void *calloc(unsigned n,unsigned size)	分配 n 个数据项的内存空间，每个数据项的大小为 size 个字节	分配内存单元的起始地址；如不成功，返回 0
void *free(void *p)	释放 p 所指的内存区	无
void *malloc(unsigned size)	分配 size 个字节的存储空间	分配内存空间的地址；如不成功，返回 0
void *realloc(void *p,unsigned size)	把 p 所指内存区的大小改为 size 个字节	新分配内存空间的地址；如不成功，返回 0
int rand(void)	产生 0～32 767 的随机整数	返回一个随机整数
void exit(int state)	程序终止执行，返回调用过程，state 为 0 正常终止，非 0 非正常终止	无

参 考 文 献

[1] 周信东，等. C 语言程序设计：实验. 设计. 习题. 成都：电子科技大学出版社，2008.
[2] 谭浩强. C 程序设计. 4 版. 北京：清华大学出版社，2010.
[3] 谭浩强. C 语言程序设计题解与上机指导. 北京：清华大学出版社，2005.
[4] 黄维通，等. C 语言程序设计. 北京：清华大学出版社，2003.
[5] 黄维通，等. C 语言程序设计习题解析与应用案例分析. 北京：清华大学出版社，2004.
[6] 李凤霞，等. C 语言程序设计教程. 2 版. 北京：北京理工大学出版社，2010.
[7] 王树武，等. C 语言程序设计教程与上机指导. 北京：北京理工大学出版社，2001.
[8] 颜晖，等. C 语言程序设计实验与习题指导. 2 版. 北京：高等教育出版社，2013.
[9] 陈东方，等. C 语言程序设计基础. 北京：中国电力出版社，2015.
[10] 江义火，等. C 语言程序设计. 北京：清华大学出版社，2012.